Acercamiento de la marca de la bota del astronauta Buzz Aldrin dejada en la superficie de la Luna. La imagen se tomó con la cámara de la superficie lunar de 70mm durante el alunizaje. Imagen: NASA.

LLEGADA a la LUNA

ARTHWR BASS

Digital Creative Publishing

Imagen tomada el 20 de julio de 1969. El astronauta Edwin E. Aldrin Jr., piloto del módulo lunar de la misión Apolo 11. Él posa para la fotografía junto a la bandera desplegada de los Estados Unidos durante una actividad extravehicular en la superficie lunar. El Módulo Lunar está a la izquierda, y las huellas de los astronautas son claramente visibles en el suelo. Imagen: NASA.

Fotografía tomada en 1969, el 21 de julio, la nave espacial ascendente fue capturada por Michael Collins haciendo su aproximación al módulo de comando, con la Luna debajo y la Tierra muy lejos a la distancia. Imagen: NASA.

Editor general
Arthwr Bass

Concepción y realización
Arthwr Bass

Diseño y diagramación
Editorial Digital Creative Publishing

Fotografías
(Créditos al respectivo autor en cada imagen)
NASA

Imágenes de satélite
Administración Nacional de Aeronáutica y del Espacio NASA
Telescopio espacial Hubble HST
Transbordador espacial Discovery NASA: OV-103

© Arthwr Bass, 2018
digitalcreativepublishing@gmail.com
Libro dirigido a aficionados de la astronomía.
Reservados todos los derechos. No se permite la reproducción total o parcial de esta obra, ni su incorporación a un sistema informático, ni su transmisión en cualquier forma o por cualquier medio (electrónico, mecánico, fotocopia, grabación u otros) sin autorización previa y por escrito de los titulares del copyright. La infracción de dichos derechos puede constituir un delito contra la propiedad intelectual.

Contenido

Introducción a la Luna 6
    Fases de la Luna 8
        Luna Llena 8
        Cuarto menguante 9
        Luna nueva 9
        Cuarto creciente 10
    Casos especiales de la Luna 11
        Superluna 11
        Luna azul 11
    Eclipses lunares 12
        Eclipse total lunar 12
        ¿Por qué el color rojo de la Luna durante el eclipse
        total lunar? 13
        Eclipse parcial de Luna 13
        Eclipses penumbrales 13
¿Por qué el hombre decidió ir a la Luna? 14
Antecedentes del alunizaje 16
    Programas de la Unión Soviética 16
    Programa Apolo 19
Apolo 1 21
Apolo 7 22
Apolo 8 24
Apolo 9 25
Apolo 10 26

Llegada a la Luna 28
Apolo 11 30
    Desarrollo de la misión 30
    Legado de la misión 36
Tripulantes del Apolo 11 37
    Neil Armstrong 37
    Buzz Aldrin 38
    Michael Collins 39
Apolo 12 40
Apolo 13 41
Apolo 14 42
Apolo 15 43
Apolo 16 44
Apolo 17 45
Fuentes 46

Introducción a la Luna

La Luna es un cuerpo celeste que orbita la Tierra a una distancia promedio de 384.403 km, en su punto mas lejano se encuentra a 406.700 km, convirtiéndose en su único satélite natural.

La velocidad promedio que tiene es de 3.700 km/h y de 3.470 km/h cuando está más lejos de la Tierra.

Tiene un radio de 1.737 km y se le puede ver con cierto detalle a simple vista y sin necesidad de instrumentos complejos. La luz que refleja la Luna se ve de diferente manera de acuerdo a desde donde se observe. Aunque parece que la Luna brillara por si misma en realidad solo refleja al espacio al menos el 7 % de luz que recibe del Sol. Esta característica de reflexión de la radiación se llama albedo y sucede igual en el polvo de carbón.

La rotación de la luna (dar una vuelta sobre sí misma) coincide con la de la Tierra, debido al efecto llamado gradiente gravitatorio que ha frenado completamente a la Luna para que presente siempre la misma cara. Este efecto se puede observar en la mayoría de los satélites regulares con respecto a sus planetas. Orbita alrededor de la Tierra cada 27,32 días y la gravedad en el ecuador es de 1,62 m/s2.

La Luna se considera fosilizada ya que su superficie no se deteriora con el paso del tiempo solamente se ve afectada por los impactos ocasionales de los meteoritos.

Tiene una atmósfera insignificante debido a su baja gravedad y tampoco tiene agua.

La temperatura media de día es de 107 °C y de -153 °C durante la noche (en las zonas no iluminadas por el sol).

A lo largo de la historia todas las exploraciones lunares han alcanzado a recoger por lo menos 400 Kg. de material para ser analizados por los científicos.

En la antigüedad se creía que las manchas oscuras de la Luna al observarla eran océanos por lo tanto le llamaron "mare" en latino. Las partes más claras de la Luna vendrían considerándose los continentes.

Desde el renacimiento y gracias al uso de telescopios se han revelado datos de suma importancia sobre la superficie lunar. Hoy en día sabemos que la superficie de la

La Luna vista desde la Tierra por Luc Viatour
Luc Viatour / www.Lucnix.be
http://www.gnu.org/licenses/fdl-1.2.html

La Luna vista desde La Tierra, tomada en 2010. Imagen: NASA/GSFC/Arizona State University

Luna esta constituida por cráteres, cadenas de montañas, llanuras o mares, fracturas, cimas y fisuras lunares. El cráter más grande encontrado es el Bailly, de 295 km de diámetro y 3.960 m de profundidad, el mar más grande es Mare Imbrium de 1.200 km de diámetro. Las montañas mas altas de la superficie con hasta 6.100 m de altura, se encuentran en las cordilleras Leibniz y Doerfel cercanas al polo sur y se comparan con la cordillera del Himalaya.

Fases de la Luna

La Luna presenta diferentes fases a medida que rota al rededor de la Tierra y, ésta, a su vez, alrededor del Sol. Éstas fases hacen que la porción iluminada de la Luna cambie gradualmente a medida que pasa el tiempo (horas y días), su iluminación aumenta y disminuye cíclicamente.

El ciclo completo se denomina lunación y es de 29,5 días. El ciclo lunar, o mes sideral, es el recorrido orbital que hace la luna alrededor del planeta Tierra y tiene una duración de 27,3 días. La Luna realiza 13 recorridos alrededor del planeta, es decir, se producen 13 lunaciones a lo largo del año.

Las diferentes fases de la Luna son: Luna nueva, Luna creciente, cuarto creciente, Luna gibosa creciente, Luna llena, Luna gibosa menguante, cuarto menguante, Luna menguante, Luna negra. Es durante la fase de la Luna llena que ocurren los eclipses lunares.

Luna Llena

La Luna llena, o plenilunio, ocurre cuando la Tierra se encuentra situada exactamente entre el Sol y la Luna y presenta una iluminación del 100 % en su hemisferio visible, haciendo que luzca completamente redonda vista desde la Tierra, también es el momento en que el ángulo de elongación, o de fase, de nuestro satélite es de 180°.

Mes sinódico: Tiempo entre el cual se producen las Lunas llenas, cada 28,531 días. Debido al movimiento de traslación de la Tierra alrededor del Sol, la Luna requiere dos días más aproximadamente para quedar justo frente al Sol con la Tierra de por medio, condición para ser Luna llena. Cada Luna llena puede llegar a durar una noche entera.

El agua de los océanos de la Tierra se ve afectada por la gravedad del Sol y, sobre todo, de la Luna, que provoca las mareas. En las fases lunares creciente y menguante, las mareas son menores y se llaman mareas muertas. En cambio, cuando hay Luna nueva y llena, las mareas son mayores debido a que el Sol, la Luna y la Tierra se alinean, estas se llaman mareas vivas. La Luna llena

Fotografía de la Luna llena. Imagen: NASA/Bill Ingalls.

llega incluso a afectar el comportamiento animal. Los animales nocturnos cambian sus costumbres de salir al exterior probablemente debido a la luz. También los lobos aúllan más.

La Luna llena ha estado rodeada de misticismo y extrañas creencias que, desde la antigüedad, han fascinado a la humanidad, influyendo en la cultura y comportamiento de las sociedades. Se cree que esta fase de la luna altera el comportamiento, dispara la criminalidad y que se incrementan los accidentes de tránsito y los partos. También se cree que la gente tiene mayor propensión al insomnio y la demencia (lunáticos).

Uno de los misterios más grandes que rodea la Luna llena es el mito de los licántropos u hombres lobo que se transforman la noche cuando ocurre esta fase.

Cuarto menguante

Corresponde a la fase en que la iluminación que proyecta la Luna se va disminuyendo y la superficie que se puede observar es del 65 % al 35 %. En este punto la Luna es visible solo durante la madrugada y la mañana.

En el hemisferio norte del planeta se puede observar la parte izquierda de la Luna, mientras que en el hemisferio sur la parte derecha.

Su punto más visible es a las 12 de la noche alcanzando el cenit a las 6 de la mañana.

Después del cuarto menguante sigue la Luna menguante que aparece en el cielo como una C o pequeña guadaña. También se le conoce como creciente menguante o Luna vieja. En este punto se encuentra hacia la oscuridad total y a medida que pasa el tiempo se hace más y más pequeña. Se encuentra de entre 270 a 315° directamente frente al Sol. Sucede después del 10° día luego de la Luna llena.

Luna nueva

Esta fase marca el inicio del ciclo lunar y solo puede verse un 2 % de su superficie.

La Luna nueva, interlunio, o novilunio, corresponde a la fase lunar en la que la Luna no refleja la luz del Sol y no es visible en el cielo terrestre. Ocurre cuando la Luna se sitúa justo entre el Sol y la Tierra (los tres astros forman un ángulo de casi 180° aproximados, es decir, casi siempre se encuentran en una aparente línea recta) atrapando la luz solar y permitiendo ver únicamente su sombra porque su hemisferio iluminado no puede ser visto desde nuestro planeta.

Luna gibosa creciente. Imagen: NASA/ Ralph H. Bernstein.

Durante esta fase lunar (y de acuerdo a algunas condiciones específicas) se producen los eclipses de Sol, de tipo parcial, anular o total.

Durante la Luna nueva, esta recorre entre 0 y 45 grados de su órbita y, a medida que pasan los días después de esta fase, la luminosidad de la Luna es mayor.

En cada Luna nueva no necesariamente debe ocurrir siempre un eclipse de Sol, pues los astros no siempre se alinean exactamente a 180°, condición para el eclipse; pero en todo eclipse de Sol siempre debe ocurrir una Luna nueva, antes y después del eclipse.

Como la luna afecta las mareas de los océanos de la Tierra, éstas no se producen siempre a la misma hora todos los días, varían con las fases lunares, ya que la Luna aparece en el cielo a distintas horas.

Durante la Luna nueva se producen las mareas más intensas en los océanos debido a que la gravedad de la Luna y del Sol ejercen fuerza en la misma dirección y se suman. La altura de las mareas también cambia, y, en general, no es la misma en todos los lugares de la Tierra.

La fuerza gravitacional del Sol también atrae el agua de los mares y océanos de la Tierra pero en menor medida que la Luna. Aunque su gravedad es mayor, al estar más lejos de la Tierra, influye menos a diferencia del satélite. Las mareas que produce el Sol son débiles.

La Luna se relacionaba con la feminidad en las civilizaciones antiguas. En la antigüedad se asociaban las fases de la luna con el ciclo menstrual de la mujer por coincidir en 28 días aproximadamente. El misticismo alrededor de la Luna nueva suponía que era en esta fase cuando debía bajar la regla ya que representaba el momento del cambio y del inicio del ciclo. Estas creencias se basaban en que el cuerpo femenino se sincronizaba con la luz de la luna, cambiante en casa fase.

Cuarto creciente

Corresponde a la fase en la cual la Luna empieza a iluminarse o se incrementa la superficie de la Luna que se puede ver (entre un 35 % y un 65 %), y se le ve como un medio disco, esto ocurre una semana después de la Luna nueva y 4 días después de la Luna creciente o Luna nueva visible. Mientras que en el hemisferio norte de la Tierra se le puede ver creciente (mitad derecha), en el hemisferio sur se le vería menguante (mitad izquierda).

En el hemisferio norte, el cuarto creciente más alto del año se produce en marzo al inicio de la primavera, el más bajo en septiembre en otoño. De manera contraria en el hemisferio sur.

En esta fase la Luna es visible durante el atardecer o a comienzos de la noche y su cara iluminada por el sol muestra un 50 % del total en promedio. Su momento más vi-

La Luna, tomada en Cadalso de los Vidrios, Madrid, España. Imagen: NASA/Dani Caxete.

sible a las 12 h, su cenit a las 18 h, y su ocaso a las 00 h.

En esta fase la Luna recorre entre 90 y 135º de su órbita.

Una vez terminada esta fase, empieza la Luna gibosa creciente que presenta una forma convexa por ambos lados en su parte iluminada.

Casos especiales de la Luna
Superluna

Este fenómeno ocurre cuando la Luna en su fase llena o nueva, por coincidencia, se encuentra en su posición más cercana a la Tierra (el perigeo) debido a su órbita elíptica con la cual se mueve. La apariencia de la Superluna es más grande y más brillante de lo normal. Puede alcanzar a aumentar su tamaño hasta un 14 % más de lo habitual y acercarse hasta a 357.495 Kilómetros a la Tierra. La siguiente Superluna que se encontrará en el punto más cercano a la Tierra será en 2034.

En 1979 se usó el término Superluna por primera vez por el astrólogo Richard Nolle y afirmaba: una Superluna llena se encuentra, en términos astronómicos, a 180° de diferencia de longitud eclíptica con respecto al Sol y las distancias geocéntricas al perigeo/apogeo de esa órbita en concreto es dRelativaApogeo=(dApogeoOrbita - dLunaLlena)/(dApogeoOrbita-dPerigeoOrbita)>=0,9, donde dApogeoOrbita/dPerigeoOrbita.

Richard Nolle aseguraba que tres días después de producido el fenómeno, la Tierra estaba más propensa a desastres naturales como terremotos, tsunamis y actividades volcánicas, debido a la mayor fuerza gravitacional de la Luna, teorías que no han sido confirmadas.

Luna azul

Es la denominación de la segunda Luna llena ocurrida en el mismo mes de acuerdo al calendario gregoriano, o cuando en una estación del año se dan 4 lunas llenas en lugar de 3. Este fenómeno astronómico ocurre una vez cada tres años aproximadamente.

Curiosamente el nombre no tiene nada que ver con el color de la Luna. En la antigüedad se le llamaba "blue moon", en inglés, "blue" por una deformación del inglés antiguo "belewe", que en realidad significa traidor. Esto por que una segunda luna llena en el mismo mes de primavera implicaría extender el ayuno de la cuaresma.

En muy pocas ocasiones ocurre que se tengan dos Lunas azules el mismo año, pero si estos sucede, tendría que ocurrir la primera en enero y la segunda, en orden decreciente de probabilidad, en marzo, abril o mayo.

Este 2018 y luego de 150 años (el último evento de esta característica fue el 31 de marzo de 1866), se volverá a ver un eclipse total de Luna azul, también llamado supereclipse de Luna de sangre azul. Durante el eclipse, la Luna quedará totalmente oculta por la sombra proyectada por la Tierra, esto hará que se vea de un tono rojo anaranjado.

*Eclipse de super luna detrás del monumento de Washington.
Imagen: NASA/Aubrey Gemignani.*

Eclipses lunares

Estos fenómenos astronómicos ocurren cuando la Tierra bloquea la luz del Sol sobre la Luna al pasar entre ambos, es decir, cuando es bloqueada por completo la luz del Sol directa sobre la Luna por la sombra de la Tierra que tiene forma de cono (aproximadamente 1.384.584 km de largo y según la distancia en que se encuentra la Luna de la Tierra puede tener un diámetro de 9.200 km, según esto la Luna entra 2,65 veces dentro del cono). Debido a las características del cono los eclipses totales tienen una duración prolongada.

Existen varias clases de eclipses lunares entre los cuales están los penumbrales, parciales y los totales. Esta clasificación se da de acuerdo a la localización del nodo orbital de la Luna.

Los eclipses solares pueden ser vistos solo desde una parte pequeña de la Tierra, por el contrario los lunares se pueden ver desde cualquier parte desde que sea de noche y se prolongan por horas. La mayor duración de un eclipse lunar es de 6 horas (el centro de la Luna coincidiría con el de la umbra).

La atmósfera de la Tierra juega un papel de gran influencia en los eclipses. Si no se tuviera atmósfera, cada eclipse total lunar no se vería pues esta desaparecería por completo.

La escala de Danjon (presentada en 1921 por André-Louis Danjon) es el medio por el cual se mide el grado de oscurecimiento de un eclipse lunar. Esta escala mide la luminosidad y apariencia de la Luna durante el fenómeno astronómico.

El grado de oscurecimiento en la escala de Danjon se denomina con la letra L y los valores del 0 al 4, con 0 siendo el momento máximo del eclipse.

Eclipse total lunar

Solo puede ocurrir cuando la Luna está en fase llena. El tipo y duración del eclipse dependen de la ubicación de la Luna relativa a sus nodos orbitales. Suele durar varias horas.

Observar un eclipse de Luna no representa ningún riesgo para la salud de la visión.

La sombra de la Tierra, proyectada por el Sol, se puede dividir en dos secciones: la umbra y la penumbra. En la umbra no existe radiación solar directa, corresponde a la parte más oscura y, se localiza inmediatamente detrás del planeta extendiéndose en línea recta. La penumbra recibe iluminación solar debido al gran tamaño angular del astro, corresponde a la parte externa de la sombra parcialmente iluminada.

Un eclipse total de Luna ocurre cuando ésta viaja a través de toda la umbra. La

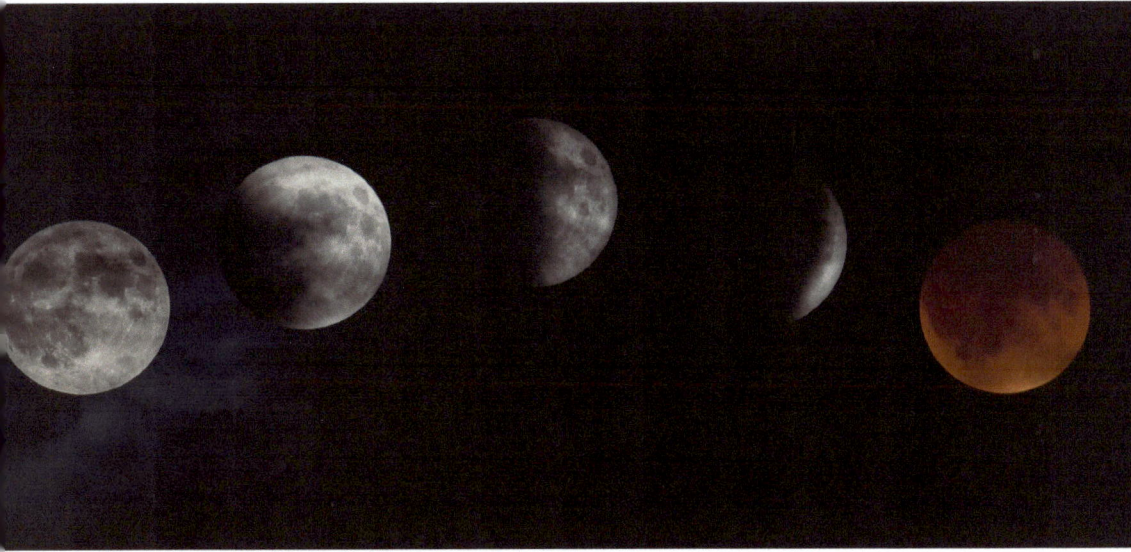

Eclipse lunar de Superluna. Imagen: NASA/Rami Daud.

velocidad de la Luna en la sombra es de un kilómetro por segundo y, en total, puede durar 107 minutos. Aún así, el tiempo total entre el primer y último contacto de la Luna con la sombra puede llegar a ser de 4 horas. La distancia relativa de la Luna a la Tierra, en el momento de un eclipse, puede afectar la duración, en particular, cuando la luna se encuentra cerca del apogeo (el punto más lejano a la Tierra en su órbita), aquí su velocidad orbital es menor.

El diámetro de la umbra no disminuye significativamente con los cambios en la distancia orbital de la luna, aún así, un eclipse total lunar que ocurra cerca del apogeo hará que dure más tiempo.

¿Por qué el color rojo de la Luna durante el eclipse total lunar?

Debido a que la atmósfera de la Tierra (la cual contiene nubes y polvo en suspensión) tiene gran influencia en la vista de los eclipses, cuando la Luna está totalmente eclipsada, ésta se ve de color rojizo debido a la luz refractada por la atmósfera en el espectro del rojo, de la misma manera en que muchos atardeceres se ven de color rojo. Si se viera desde la Luna, los bordes del planeta parecerían estar en llamas, es decir de color ámbar, debido a que el Sol se encuentra detrás, este color lo refleja la Luna sobre la Tierra. También es llamada luna de sangre.

El fenómeno del presente año (2018) podrá verse desde el oeste de América del Norte, Asia oriental, Australia y Pacífico. En teoría el eclipse total de luna puede verse en toda la Tierra durante la noche.

Este año (2018), ocurrirán dos eclipses lunares totales, el 31 de enero y el segundo el 27 de julio.

Eclipse parcial de Luna

Ocurre cuando solo una parte de la Luna es ocultada (entra en la umbra).

Eclipses penumbrales

También llamado Apulso. Ocurren cuando la Luna se encuentra en el cono de la penumbra de la Tierra. Para alguien que se situase sobre la superficie lunar, un eclipse penumbral se vería como un eclipse parcial de Sol.

El eclipse penumbral total es un tipo de eclipse muy infrecuente. Ocurre cuando la Luna entra totalmente en la penumbra, evitando la umbra. Debido a sus características solo ocurren unos 3 por siglo pues el ancho de la zona penumbral es solo ligeramente más grande que el diámetro de la Luna.

En este tipo de eclipses, la porción de la Luna que está más cerca de la umbra se ve más oscura que el resto.

Armstrong frente al módulo lunar. Imagen: NASA.

¿Por qué el hombre decidió ir a la Luna?

Las razones para visitar la Luna y potencialmente, otros planetas y cuerpos en nuestro Sistema Solar, son numerosas: podrían ser los mayores esfuerzos científicos de nuestra existencia, permitiéndonos comprender mejor la creación de nuestro planeta nuestro Sistema Solar y el Universo que nos rodea. Más importante aún, tales misiones contribuyen al carácter de las naciones, lo que demuestra la importancia de la ciencia y la tecnología para nuestra civilización, que en última instancia nos ayudará a procesar y abordar los problemas de mayor preocupación: la salud de nuestro planeta.

Después de la Segunda Guerra Mundial, Estados Unidos y la Unión Soviética se vieron envueltos en una competencia armamentista que produjo importantes avances militares en ambos bandos. Esta competencia culminó en el desarrollo de cohetes capaces de atacar territorio enemigo en cualquier parte del mundo.

El siguiente paso para demostrar superioridad armamentista era saltar de la atmósfera a la órbita baja de la Tierra y de ahí a la Luna, el objetivo más elevado. Cuando esto sucedió, cada país capitalizó los avances en la tecnología de cohetes para experimentar con misiones de vuelos espaciales humanos. La década de 1960 se definió en gran medida por la fricción global entre las principales superpotencias del mundo. Si bien no estaba involucrado en un conflicto armado directo, la Unión Soviética y los Estados Unidos estaban cada uno construyendo un argumento para la supremacía.

La Unión Soviética logró poner a Yuri Gagarin en el espacio en 1961, solo un par de años después de poner en órbita el primer satélite, seguido de cerca por los Estados Unidos.

En otras palabras, los estadounidenses sentían que sus adversarios comunistas los tenían en las cuerdas.

El espacio se convirtió en una demostración increíblemente pública del poder militar y tecnológico de cada país. El desarrollo de los viajes espaciales no ocurrió en un vacío político: el impulso de Estados Unidos para desarrollar cohetes y vehículos que pudieran viajar más alto y más rápido que sus contrapartes soviéticas junto con las crecientes tensiones entre EE. UU. Y la URSS, especialmente cuando las crisis geopolíticas y el despliegue de misiles de los Estados Unidos a Turquía demostraron cuán preparado estaba cada país para aniquilar al otro.

El presidente Nixon junto a la tripulación del Apolo 11. Imagen: NASA.

El ambiente al rojo vivo de la Guerra Fría permitió un capital político significativo y un gasto gubernamental importante que apoyó una infraestructura de primer golpe, y en parte, se extendió a los campos científicos y aeronáuticos, que mantuvieron un mensaje pacífico y optimista.

La idea de ir a la Luna era una medida competitiva de la Guerra Fría en respuesta a un par de grandes reveses en la política exterior estadounidense en la primavera de 1961.

En 1966, la carrera espacial alcanzó su punto máximo: la NASA recibió su presupuesto más alto, apenas por debajo del 4,5% del presupuesto federal total de los EE. UU., En $ 5,933 billones de dólares (alrededor de $43 billones de dólares en la actualidad).

Luego de la última misión de Gemini, la infraestructura social y política y el apoyo al espacio habían comenzado a menguar, y finalmente se desvanecerían luego de que el Apolo 11 aterrizara exitosamente en la superficie de la Luna en julio de 1969. Después de este punto, la NASA continuó con misiones planificadas y finalmente aterrizó cinco misiones adicionales de Apolo en la Luna pero cambió sus prioridades.

El 2 de septiembre de 1970, la agencia anunció las últimas tres misiones Apollo: Apolo 15, 16 y 17. Luego de esto, la agencia se vio obligada a lidiar con la presión política: en 1971, la casa blanca tenía la intención de cancelar por completo el programa Apolo después del Apolo 15, pero finalmente, las dos misiones restantes de Apolo se mantuvieron.

El 14 de diciembre de 1972, Cernan se convirtió en el último humano en pisar la superficie de la Luna.

Los niveles de gasto federal que la NASA había recibido antes de 1966 se habían vuelto insostenibles para un público que se había vuelto financieramente cauteloso, particularmente cuando experimentaron una gran crisis del petróleo en 1973, que cambió las prioridades de la nación.

Desde ese momento, los presidentes de Estados Unidos han hablado de su deseo de regresar a la Luna, pero a menudo en términos de décadas.

Muchos historiadores también conectan la búsqueda de Estados Unidos en llegar a la luna con la inclinación natural de la humanidad para explorar el Universo y expandirse. Y, ciertamente, la luna había estado tentando a la humanidad desde el comienzo de los tiempos. Sin embargo, incluso en ese momento, los científicos no estaban de acuerdo en que valía la pena visitar la luna.

Probablemente habrá algunas cosas que casi todo el mundo aprenderá sobre el siglo XX: la bomba atómica, las guerras mundiales, y, en definitiva, el alunizaje como una joya para la humanidad.

Antecedentes del alunizaje

La carrera espacial fue un suceso que puso a prueba las facultades de diferentes países por demostrar sus capacidades tecnológicas más allá de los límites de la Tierra.

Dos días después de que Estados Unidos anunciara su intención de lanzar al espacio un satélite artificial, el 31 de julio de 1956, la Unión Soviética anunció su intención de hacer lo mismo. Sputnik 1 se lanzó el 4 de octubre de 1957, superando a Estados Unidos y sorprendiendo a todo el mundo. Se había iniciado una competencia a nivel mundial. El lanzamiento de satélites, aunque sigue contribuyendo al prestigio nacional, también es una actividad económica importante, ya que los sistemas de cohetes públicos y privados compiten por los lanzamientos, utilizando los costos y la fiabilidad como puntos de venta.

Programas de la Unión Soviética

El programa espacial soviético comprendía el desarrollo de cohetes y exploración espacial realizados por la antigua Unión Soviética (URSS) desde la década de 1930 hasta su disolución en 1991.

Durante sesenta años de historia, este programa principalmente clasificado como militar fue responsable de una serie de logros pioneros en el vuelo espacial consiguiendo objetivos como:
- Primer misil balístico intercontinental: R-7.
- Primer satélite: Sputnik 1.
- Primer animal en la órbita terrestre: el perro Laika en el Sputnik 2.
- Primer humano en órbita espacial y terrestre: astronauta Yuri Gagarin en el vehículo Vostok 1.
- Primera mujer en órbita espacial y terrestre: astronauta Valentina Tereshkova en el Vostok 6.
- Primera caminata espacial: por el astronauta Alexey Leonov en el Voskhod 2.
- Primer impacto lunar: Luna 2.
- Primera imagen del lado más alejado de la luna: Luna 3.
- Aterrizaje suave lunar no tripulado: Luna 9.
- Primer vehículo espacial: Lunokhod 1.
- Primera muestra de suelo lunar extraída automáticamente y traída a la Tierra: Luna 16.
- Primera estación espacial: Salyut 1.

SPUTNIK

Satélite artificial Sputnik 1.

ANTECEDENTES DEL ALUNIZAJE

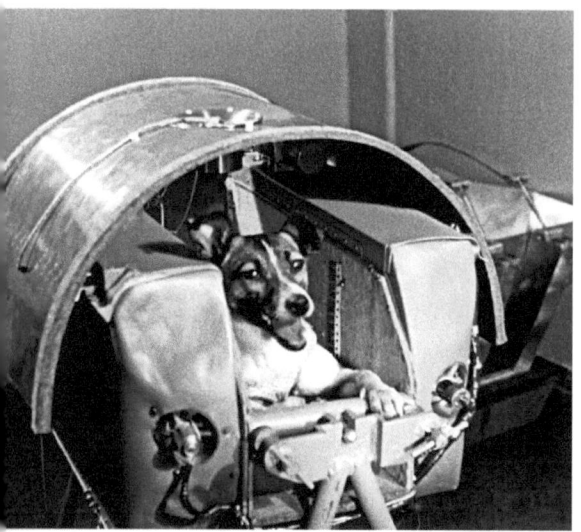 

Laika (izquierda) y Malyshka (derecha), unos de los primeros perros en ir al espacio enviados por el programa espacial soviético.

El programa espacial de la URSS, inicialmente fue impulsado por la asistencia de científicos traídos del programa avanzado alemán de cohetes.

A diferencia de su competidor estadounidense en la "Carrera espacial", quienes tenían a la NASA como única agencia coordinadora, el programa de la URSS se dividió entre varios grupos dirigidos por los científicos Korolev, Mikhail Yangel, Valentin Glushko y Vladimir Chelomei.

Durante las décadas de 1950 y 1960, la URSS usó perros para vuelos espaciales suborbitales y orbitales para determinar si el vuelo espacial humano era factible.

En este período, la Unión Soviética lanzó misiones con naves con capacidad para 1 tripulante canino, al menos 57 veces. La cantidad de perros en el espacio es menor, ya que algunos perros volaron más de una vez. La mayoría de canes sobrevivió y los pocos que murieron se debió principalmente a fallas técnicas, de acuerdo con los parámetros de la prueba.

Laika se convirtió en la primera criatura viviente nacida en la Tierra (distinta de los microbios) en órbita, a bordo del Sputnik 2 el 3 de noviembre de 1957.

Laika murió entre cinco y siete horas luego del despegue y durante el vuelo debido a estrés y sobrecalentamiento. Su verdadera causa de muerte no se hizo pública hasta octubre de 2002, años antes los funcionarios habían dado informes de que murió cuando se agotó el suministro de oxígeno. En una conferencia de prensa en Moscú en 1998, Oleg Gazenko, un científico soviético de alto rango involucrado en el proyecto, declaró: "Mientras más tiempo pasa, más lo siento. No aprendimos lo suficiente de la misión para justificar la muerte del perro."

A pesar del fracaso de los programas de viaje a la Luna tripulados, la Unión Soviética logró un éxito significativo en otros ámbitos astronómicos, entre los cuales están: las misiones automáticas de retorno Lunokhod y Luna, además, el programa de sonda de Marte el cual continuó con un pequeño éxito, mientras que las exploraciones de Venus y luego del cometa Halley por los programas de sonda Venera y Vega fueron más efectivas.

El programa espacial soviético siempre ocultó información sobre sus proyectos anteriores al éxito del Sputnik, el primer satélite artificial del mundo. De hecho, cuando se aprobó por primera vez el proyecto Sputnik, uno de los cursos de acción más inmediatos que tomó el Politburó (Comisión Política del Comité Central del Partido Comunista de la extinta Unión Soviética) fue considerar qué anunciar al mundo y que no con respecto a su evento. La información finalmente publicada no ofreció detalles sobre quién creó y lanzó el satélite o por qué se lanzó.

Lo que queda del lanzamiento es el gran orgullo de la cosmonáutica soviética y la

Uno de los 3 vehículos enviados a la Luna con el programa Apolo. Imagen: NASA.

vaga insinuación de las posibilidades futuras disponibles luego del éxito de proyectos como el Sputnik.

Los secretos del programa espacial soviético sirvieron como una herramienta para evitar la filtración de información clasificada entre países y también para crear una barrera misteriosa entre el programa espacial y la población.

Con el colapso de la Unión Soviética, Rusia y Ucrania heredaron el programa. Rusia creó la Agencia Rusa de la Aviación y el Espacio, ahora conocida como la Corporación Estatal Roscosmos, y Ucrania creó la Agencia Espacial Nacional de Ucrania (NSAU).

Programa Apolo

El programa Apolo, también conocido como Proyecto Apolo, fue el tercer programa de vuelos espaciales tripulados de los Estados Unidos llevado a cabo por la Administración Nacional de Aeronáutica y del Espacio (NASA) en la carrera espacial con la Unión Soviética.

El programa fue concebido por primera vez durante la administración de Dwight D. Eisenhower (el 34° presidente de los Estados Unidos) como una misión de una nave espacial de tres tripulantes para seguir al proyecto Mercury que colocó a los primeros estadounidenses en el espacio. Apolo se dedicó más tarde al objetivo nacional del presidente John F. Kennedy de "llevar un hombre en la Luna y regresarlo a salvo a la Tierra" a fines de la década de 1960. El objetivo fue propuesto en un discurso ante el Congreso el 25 de mayo de 1961.

El programa Apolo incluyó una gran cantidad de misiones de prueba sin tripulación y 11 misiones tripuladas. Las 11 misiones tripuladas incluyen dos misiones en órbita alrededor de la Tierra, dos misiones en órbita lunar, un tránsito lunar y seis misiones de aterrizaje en la Luna.

Misiones Apolo:

Órbita terrestre: Apollo 7
Apollo 9
Órbita lunar: Apollo 8
Apollo 10
Tránsito lunar: Apollo 13
Aterrizaje lunar: Apollo 11
Apollo 12
Apollo 14
Apollo 15
Apollo 16
Apollo 17

Los experimentos que se realizaron en la superficie lunar en las diferentes misiones incluyeron: mecánicas del suelo, recolección de meteoroides, inspección sísmica, estudios de flujo de calor, rango lunar, campos magnéticos y experimentos de viento solar.

Las misiones Apolo 7, que probó el Módulo de Comando, y 9, que probó tanto el

Los astronautas de las diferentes misiones Apolo usaron cámaras de TV y cine, así como cámaras Hasselblad 500-EL para tomar fotos. Imagen: NASA, Project Apollo Archive / Flickr.

Módulo de Comando como el Módulo Lunar, eran misiones en órbita alrededor de la Tierra. La misiones Apolo 8 y 10 probaron varios componentes mientras orbitaban la Luna, y obtuvieron fotografías de la superficie lunar. El Apolo 13 no aterrizó en la superficie lunar debido a un mal funcionamiento pero, durante la breve órbita alrededor de la Luna, el equipo pudo obtener valiosas fotografías.

Después del último aterrizaje en la Luna, el financiamiento total para el programa Apolo era de aproximadamente USD $19,408,134,000. La asignación de presupuesto era del 34 % del total de la NASA.

Vehículos del programa Apolo

La NASA diseñó el módulo de comando Apolo específicamente para este programa. El módulo de comando era una cápsula con capacidad para tres astronautas. En él, los astronautas viajaron camino a la luna y de regreso. Su tamaño era más grande que la nave espacial utilizada en los programas Mercury y Gemini, pues los astronautas necesitaban espacio para moverse dentro. El área de la tripulación tenía casi tanto espacio como el interior de un automóvil.

Otra parte importante de la nave espacial fue el módulo lunar, el cual se usó para aterrizar en la luna. Este vehículo transportó a los astronautas desde la órbita alrededor de la luna a la superficie, luego de vuelta a la órbita. Tenía capacidad para llevar dos astronautas.

Se usaron dos tipos de cohetes diferentes para el programa Apolo. Los primeros vuelos usaron el pequeño cohete Saturno IB, el cual era casi tan alto como un edificio de 22 pisos. Este cohete tenía dos etapas, es decir, estaba compuesto por dos partes. Cuando la primera parte se quedaba sin combustible, se desprendía de la segunda y se quemaba en la atmósfera de la Tierra. La segunda parte continuaba volando. El cohete Saturno IB se utilizó para probar las cápsulas de Apolo en la órbita de la Tierra.

Los otros vuelos y misiones usaron el cohete Saturno V, el cual era más poderoso que el anterior y se había diseñado para ofrecer mayor seguridad a los astronautas. Este cohete de tres etapas fue la nave espacial que envió al programa Apolo a la luna. Era casi tan alto como un edificio de 36 pisos.

El Lunar Roving Vehicle (LRV) o vehículo lunar, fue un vehículo de cuatro ruedas impulsado por batería usado en la Luna en las últimas tres misiones del programa Apolo (15, 16 y 17) entre 1971 y 1972. Se le conocía popularmente como "moon buggy". El vehículo lunar fue transportado a la Luna en el módulo lunar y, una vez desempaquetado en la superficie, podía transportar uno o dos astronautas, equipo y muestras lunares. Los tres vehículos lunares permanecen en la Luna.

White, Grissom y Chaffee (de izquierda a derecha), tripulantes del Apolo 1. Imagen: NASA.

Apolo 1

Fue designado originalmente Apolo Saturno-204, o AS-204, pero más tarde fue rebautizado Apolo 1. El principal objetivo de la misión Apolo 1 era alcanzar un alunizaje tripulado sobre la Luna y estaba planeada para el 21 de febrero de 1967.

El 27 de enero de 1967, una tragedia sacudió al programa Apolo cuando se produjo una gran falla durante un simulacro de la misión AS-204 en el complejo de lanzamiento de la estación de la Fuerza Aérea Cabo Kennedy 34.

Tres astronautas fallecieron en este trágico accidente, el teniente coronel Virgil I. Grissom (veterano de las misiones Mercurio y Géminis), el teniente coronel Edward H. White (astronauta que realizó la primera actividad extravehicular de los Estados Unidos durante el programa Gemini), y el teniente comandante Roger B. Chaffee (astronauta que se preparaba para su primer vuelo espacial).

La causa de la falla fue que se produjo un incendio en el módulo de comando (la cabina) durante una prueba de la plataforma de lanzamiento del vehículo espacial haciendo que explotara.

Ese día se realizaba una simulación de vuelo y se debían recrear los pasos a seguir una vez en el espacio con las condiciones que se experimentarían.

A la 1 p.m. los astronautas se encontraban en la cabina de mando cuando sintieron un olor extraño. El despegue se retrasó y se tuvieron problemas de comunicación. Cinco horas después, comenzaron los gritos en la cabina debido al fuego. En audio y video quedó registrada la desesperación de los tripulantes que intentaban llegar a la escotilla para abrirla. El módulo de comando se había roto permitiendo la entrada de gas mortal.

Los equipos de rescate tardaron 5 minutos en abrir las escotillas del módulo y, el humo y el fuego, no les permitieron ver nada. Los astronautas murieron en cuestión de segundos.

Tomaría más de 21 meses, y rediseños extensos en el desarrollo de las misiones y los vehículos, antes de que la NASA enviara más hombres al espacio.

Las escotillas de rediseñaron para que se abrieran más fácilmente en caso de emergencia. Los trajes espaciales se realizaron con materiales no inflamables (se cambió el nylon por una tela llamada beta).

El incendio del Apolo 1 fue un momento difícil para la NASA y sus astronautas, pero las mejoras en la seguridad de los trajes y los cohetes permitieron a la agencia completar el resto del programa sin más muertes.

En honor a los astronautas fallecidos en esta terrible tragedia algunos cráteres de la Luna y colinas en Marte se nombraron como ellos. También se han puesto tres bancos de granito en la plataforma de lanzamiento, cada uno con el nombre de los astronautas.

De izquierda a derecha: piloto del módulo de comando, Don F. Eisele, comandante, Walter M. Schirra Jr. y piloto del módulo lunar, Walter Cunningham. Imagen: NASA.

Apolo 7

Después de que la nave del Apolo 1 fue destruida durante una prueba previa al vuelo en Cabo Cañaveral, las primeras misiones (Apolo 2 al 6) fueron misiones no tripuladas para probar varios aspectos del programa como: vehículo de lanzamiento, módulo de comando, módulo lunar y otro hardware y software operativo.

La misión Apolo 7 fue la primera en el programa Apolo de los Estados Unidos en llevar una tripulación al espacio.

Luego del fallo de la misión Apolo 1, los vuelos tripulados se suspendieron durante 21 meses mientras se investigaba la causa del accidente y se realizaban mejoras en la nave espacial y los procedimientos de seguridad. Se realizaron vuelos de prueba no tripulados del cohete Saturn V y el módulo lunar.

Los objetivos principales del vuelo de prueba de ingeniería Apolo 7 eran: hacer una demostración del módulo de comando/servicio (CSM) y del entrenamiento de la tripulación. Demostrar el rendimiento de la tripulación y del vehículo espacial y de soporte para la misión durante una prueba del módulo de comando. Comprobar la capacidad de encuentro del módulo.

Desarrollo de la misión: El Apolo 7 fue lanzado desde Cabo Kennedy, Florida, Estado Unidos, el 11 de octubre de 1968 a las 15:02:45 UTC. Dado que voló en la órbita baja de la Tierra y no incluía el módulo lunar (LM), el Apolo 7 se lanzó con el cohete Saturn IB en lugar del Saturn V, mucho más grande y potente. El despegue se realizó sin problemas. El Saturn IB tuvo un buen desempeño en su primer lanzamiento tripulado y no hubo anomalías significativas durante la fase de impulso.

La nave espacial fue colocada en una órbita de 227.8 x 283.4 kilómetros (123 x 153 millas náuticas).

Después de la inyección orbital y la separación del S-IVB, la tripulación hizo girar el módulo de comando utilizando sus propulsores de sistema de control de reacción. Eisele practicó una maniobra simulada del módulo lunar y el acoplamiento.

Uno de los paneles adaptadores del S-IVB no se pudo desplegar por completo en su posición abierta de 45 grados. Si esta hubiera sido una misión lunar real, los astronautas podrían haber encontrado gran dificultad en el proceso de extracción del adaptador del módulo lunar, arriesgándose a un posible daño. Esto reforzó la decisión de agregar un sistema para separar por completo y desechar los paneles en todos los vuelos subsiguientes de Apolo usando el cohete Saturn V.

El 14 de octubre de 1968, la tripulación del Apollo 7 se convirtió en la primera en transmitir en vivo por televisión desde el espacio. Imagen: NASA.

Apolo 7 cumplió con la mejor preparación de alimentos que se había visto en una nave espacial tripulada hasta el momento. Por primera vez, los astronautas tenían agua fría y caliente para preparar las comidas (la comida venía en envases de vacío liofilizados que se inyectaban con agua o se los comía secos, seguidos de un sorbo de agua).

Durante casi 11 días, el módulo de comando fue sometido a numerosas pruebas. Casi sin excepción, los sistemas de naves espaciales funcionaron según lo previsto. El sistema de propulsión que dispararía al módulo de comando dentro y fuera de la órbita lunar, funcionó perfectamente durante ocho igniciones que duraron de medio segundo a 67.6 segundos.

Una variedad de problemas menores de hardware y del sistema ocurrieron durante el vuelo. El gatillo de la manguera de agua potable durante los últimos dos días se averió, hubo un subvoltaje momentáneo de los principales buses de CA causados por el interruptor crioventilador automático en los módulos de servicio LOX y LH2, y finalmente una pérdida de telemetría debido a un conmutador eléctrico que no funcionó correctamente, lo que significa que se perdieron los últimos 15 minutos de transmisión de datos.

El Apolo 7 cumplió la misión del Apolo 1 de probar el módulo de comando y servicio (CSM) en la órbita baja de la Tierra.

Además, la tripulación realizó la primera transmisión de televisión en vivo y en directo a bordo de una nave espacial tripulada estadounidense.

El vehículo espacial de la misión Apolo 7 estaba tripulado por Donn Eisele (piloto de alto nivel y navegador) y Walt Cunningham (piloto e ingeniero de sistemas) y comandado por Wally Schirra.

Schirra, Eisele y Cunningham fueron nombrados por primera vez como tripulantes de la misión el 29 de septiembre de 1966. Debían realizar una segunda prueba orbital terrestre del módulo de comando y servicio del Block I original.

La misión terminó en el Océano Atlántico el 22 de octubre de 1968.

El punto de caída fue 27° 32'N 64° 04'O, 200 millas marinas (370 km) SUD de las Bermudas y 7 millas náuticas (13 km) al norte de la nave de recuperación USS Essex.

A pesar de la tensión entre la tripulación y los controladores de tierra, la misión fue un completo éxito técnico, que le dio a la NASA la confianza de enviar al Apolo 8 a órbita alrededor de la Luna dos meses después. El vuelo espacial resultaría ser el último para los tres miembros de su tripulación, y el único para Cunningham y Eisele. También fue el único y último lanzamiento tripulado desde el Complejo 34.

Para enero de 2017, Cunningham es el único miembro con vida de la tripulación. Eisele falleció en 1987 y Schirra en 2007.

Vista del gran cráter Tsiolkovsky en la Luna, fotografiado por los astronautas durante la misión de la órbita lunar del Apolo 8. Imagen: NASA.

Apolo 8

La misión logró experiencia operativa y probó los sistemas del módulo de comando, incluidas las comunicaciones, el seguimiento y el soporte vital, en el espacio circundante lunar y la órbita lunar. También permitió la evaluación del rendimiento de la tripulación en una misión orbital lunar.

Originalmente planeado como una segunda prueba del módulo lunar y de comando en una órbita terrestre media elíptica a principios de 1969, el perfil de la misión se cambió en agosto de 1968 a un vuelo orbital lunar de módulo de comando más ambicioso ya que el módulo lunar aún no estaba listo.

Apolo 8 fue el segundo vuelo humano en el programa y la primera misión por la órbita lunar. Fue el primer vuelo tripulado con un vehículo de lanzamiento Saturn V. La exitosa misión del Apolo 8 cultivó el camino para que el Apolo 11 cumpliera el objetivo del presidente de los Estados Unidos, John F. Kennedy, de aterrizar a un hombre en la Luna antes de finales de la década de 1960.

Los astronautas de esta misión, Frank Borman (comandante), James A. Lovell Jr. (piloto del módulo de comando) y William A. Anders (piloto de módulo lunar), se convirtieron en los primeros humanos en ver el otro lado de la Luna, ver la Tierra como un planeta entero, ingresar al pozo gravitatorio de otro cuerpo celeste (la Luna) y orbitar otro cuerpo celeste (la Luna), presenciar un amanecer de la Tierra, escapar de la gravedad de otro cuerpo celeste y reingresar al pozo gravitacional de la Tierra a salvo.

Fue lanzado el 21 de diciembre de 1968 a las 7:51 a.m. EST desde el Complejo 39-A Centro Espacial Kennedy en Florida, ubicado junto a la Estación de la Fuerza Aérea de Cabo Cañaveral.

Una vez que el vehículo alcanzó la órbita terrestre, tanto la tripulación como los controladores de vuelo en Houston pasaron las siguientes 2 horas y 38 minutos comprobando que la nave espacial estuviera en buen estado de funcionamiento y lista para la inyección translunar.

La misión terminó el 27 de diciembre de 1968 cuando la nave cayó al norte del Océano Pacífico. Los miembros de la tripulación fueron nombrados "Hombres del año" según la revista Times tras su regreso.

El Apolo 8 se demoró 68 horas (2,8 días) en recorrer la distancia hasta la Luna. Orbitó al satélite diez veces en el transcurso de 20 horas, durante las cuales el equipo hizo una transmisión de televisión en Nochebuena en la que leyeron los primeros 10 versículos del Libro del Génesis. En ese momento, la transmisión fue el programa de televisión más visto.

Apolo 9

El Apolo 9 fue la tercera misión tripulada y el primer vuelo tripulado del módulo lunar junto con el módulo de comando.

La misión tenía como objetivo calificar al módulo para las operaciones lunares.

Algunos problemas con el módulo lunar retrasaron su primer vuelo de prueba no tripulado hasta enero de 1968 luego del accidente del Apolo 1, más tarde fue retrasado de nuevo ya que debían perfeccionar los vehículos, el hardware, software y los trajes espaciales.

El vehículo espacial fue lanzado desde el Centro Espacial Kennedy, Florida, a las 11 a.m. el 3 de marzo de 1969.

La tripulación de la misión estaba compuesta por, el comandante James McDivitt, el piloto del módulo de comando David Scott y el piloto del módulo lunar Rusty Schweickart.

Para este y todos los vuelos Apolo posteriores, los tripulantes pudieron nombrar sus propias naves espaciales. El desgarbado módulo lunar fue nombrado "la Araña" (Spider en inglés), el módulo de comando fue llamado "Gomita" (Gumdrop) debido a su forma.

Aproximadamente 70 horas luego del inicio de la misión de 10 días en la órbita terrestre, el módulo lunar "la Araña" se separó, se reunió y atracó con éxito con el módulo de comando.

Los astronautas volaron el módulo lunar hasta 111 millas (179 km) del módulo de comando, usando el motor en la etapa de descenso para propulsarlos, antes de desembarcarlo y usar la etapa de ascenso para regresar. Este vuelo de prueba del LM representó el primer vuelo de una nave espacial tripulada que no estaba equipada para reingresar a la atmósfera de la Tierra.

El Apolo 9 pasó diez días en la órbita terrestre baja probando varios aspectos críticos para, en las futuras misiones, aterrizar en la Luna. Se probaron los motores del módulo lunar, los sistemas de soporte vital de la nave, los sistemas de navegación y las maniobras de atraque (maniobras de separación y atraque en órbita terrestre). La misión fue el segundo lanzamiento tripulado de un cohete Saturn V. Todas las pruebas se realizaron del mismo modo que la tripulación de la futura misión de aterrizaje se desempeñaría en órbita lunar.

Algunos objetivos alcanzados fueron: realizar el primer vuelo tripulado del módulo lunar, el primer acoplamiento y extracción del LM (módulo lunar) es decir entre dos vehículos con una transferencia interna de tripulación entre ellos, dos paseos espaciales (EVA cada uno de 70 minutos aproximadamente, Schweickart comprobó el nuevo traje espacial Apolo mientras hacía la caminata espacial. El traje es el primero en tener su propio sistema de soporte vital en lugar de depender de una conexión umbilical con la nave espacial, al mismo tiempo, Scott lo filmó desde la escotilla del módulo de comando. Schweickart tenía previsto llevar a cabo un conjunto más extenso de actividades para probar el traje, y demostrar que era posible que los astronautas realizaran un EVA desde el módulo lunar hasta el módulo de comando en caso de emergencia, pero su condición médica no lo permitió), demostrar que el LM es digno de un vuelo espacial tripulado y realizar el segundo acoplamiento de dos naves espaciales tripuladas.

Apolo 9 fue la primera prueba espacial de la nave espacial completa Apolo, incluida la tercera pieza crítica de hardware, el módulo lunar, a parte del módulo de comando y el vehículo de lanzamiento del cohete.

Como resultado de un clima desfavorable en la zona de aterrizaje que se había planificado, el Apolo 9 completó una órbita adicional antes de regresar a la Tierra. Regresaron a la Tierra el 13 de marzo de 1969. El punto de aterrizaje fue 23° 15'N, 67° 56'O, 160 millas náuticas (290 km) al este de las islas Bahamas y a la vista del buque de recuperación USS Guadalcanal. El Apolo 9 fue la última nave espacial en lanzarse hacia el Océano Atlántico.

El módulo de comando del Apolo 9 Gumdrop (1969-018A) se encuentra en exhibición en el Museo aeroespacial de San Diego en San Diego, California, Estados Unidos. Su módulo de servicio (SM) se descartó poco después de la combustión del orbitador al volver a entrar en la atmósfera.

La etapa superior del cohete, para el 2014, permanecía aún en órbita heliocéntrica.

Tripulación de la misión Apolo 10 en el Centro Espacial Kennedy. Imagen: NASA.

Apolo 10

Esta misión Apolo fue la cuarta misión tripulada, la segunda en orbitar la Luna (después de Apolo 8), y la primera en viajar a la Luna con la nave espacial completa. La misión Apolo 10 fue diseñada para duplicar cómo sería un aterrizaje en el espacio, se probaron tanto la tripulación y la nave como el control en tierra, poniendo a prueba los controladores de vuelo de la NASA y una extensa red de seguimiento y control a través del ensayo.

La nave constaba del módulo de comando y servicio, llamado "Charlie Brown", y el módulo lunar, llamado "Snoopy". Como los personajes de Peanuts. El creador de Peanuts, Charles Schulz, dibujó algunas ilustraciones relacionadas con la misión para la NASA.

Los objetivos principales de la misión fueron: probar y demostrar las capacidades de la tripulación, el vehículo espacial y las instalaciones de apoyo durante una misión lunar tripulada y evaluar el rendimiento del módulo lunar en diferentes ambientes espaciales.

El Apolo 10 fue un ensayo completo para su proyecto sucesor, la misión Apolo 11, en el cual se realizaron todos los procedimientos a seguir excepto el aterrizaje lunar real.

Desarrollo de la misión: Fue lanzado el 18 de mayo de 1969. El Apolo 10, junto con el Apolo 11, fueron las únicas misiones Apolo cuya tripulación era todos veteranos del vuelo espacial. Comandante Thomas P. Stafford, tercer vuelo espacial. Piloto del módulo de comando John W. Young, tercer vuelo espacial. Piloto del módulo lunar Eugene A. Cernan, segundo vuelo espacial.

Poco después de la inyección translunar, Young realizó la maniobra de transposición, acoplamiento y extracción, separando el módulo de comando y servicio (CSM) del apartado S-IVB, girando y atracando la nariz de éste hasta la parte superior del módulo lunar (LM), antes de separarse del S-IVB.

Después de alcanzar la órbita lunar tres días después (El 22 de mayo), Young permaneció en el módulo de comando (CM) Charlie Brown, mientras que Stafford y Cernan ingresaron al módulo lunar Snoopy, dispararon los propulsores para separar el módulo lunar del módulo de comando y volaron por separado.

El equipo del módulo lunar realizó la maniobra de inserción en la órbita de descenso, disparando el motor de descenso, y probaron el radar de aterrizaje de la nave cuando se acercaban a la altitud de 50,000 pies (15,000 metros) donde comenzaría el descenso con motor en el vuelo de la misión Apolo 11.

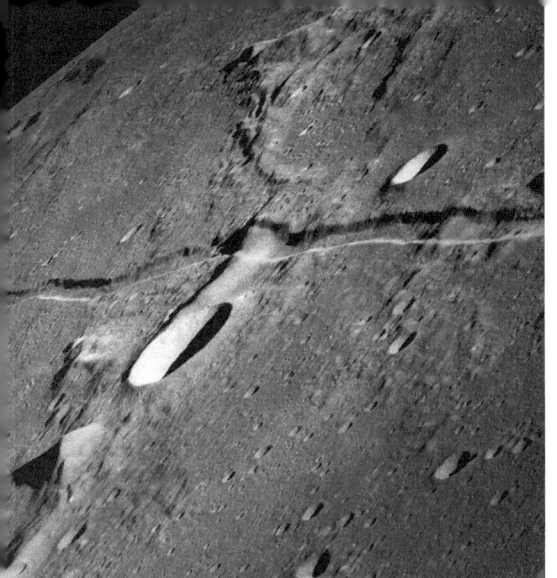
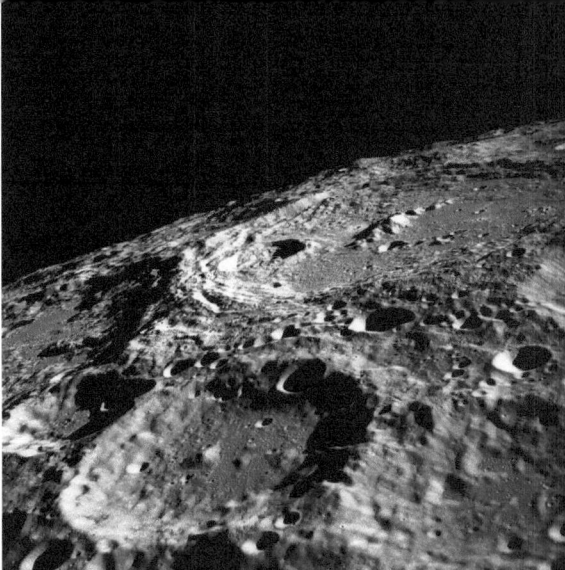

Surco atravesando un área de la Luna. Vista por el Apolo 10. Imagen: NASA.

Cráter de pared adosada en un área de la Luna. Imagen: NASA.

El módulo lunar fue colocado en una órbita para permitir pases de baja altura sobre la superficie lunar. Siguió una órbita de descenso dentro de 8.4 millas náuticas (15.6 km) de la superficie lunar, en el punto donde normalmente comenzaría el descenso motorizado para el aterrizaje.

El máximo acercamiento fue a 8,9 kilómetros (5,5 millas) de la Luna. Todos los sistemas del módulo lunar se probaron durante la separación, incluidas las comunicaciones, la propulsión, el control de altitud y el radar. Su éxito permitió que se intentara el primer aterrizaje en la misión Apolo 11 dos meses después.

La tripulación examinó el lugar de aterrizaje en el Mar de la Tranquilidad en la Luna, luego se separaron de la etapa de descenso y dispararon el motor de ascenso para regresar al Charlie Brown. La etapa de descenso quedó en órbita, pero finalmente se estrelló contra la superficie lunar debido al campo gravitatorio no uniforme de la Luna; su ubicación no fue rastreada.

Tras la separación de la etapa de descenso y el encendido del motor de ascenso, el módulo lunar comenzó a rodar violentamente porque la tripulación duplicó accidentalmente las órdenes en la computadora de vuelo, lo cual sacó al módulo lunar del modo abortar, la configuración correcta para esta maniobra.

El módulo lunar y el módulo de comando se encontraron y reacoplaron 8 horas después de la separación, el 23 de mayo. Se lograron 31 órbitas lunares.

Los sistemas de ambas naves espaciales funcionaron como se esperaba, siendo la única excepción una anomalía en el sistema automático de guía de aborto a bordo del módulo lunar.

Tanto el módulo lunar como el módulo de comando tomaron una extensa fotografía de la superficie lunar, las imágenes fueron tomadas y transmitidas por televisión a la Tierra.

El Apolo 10 fue la primera misión en llevar una cámara de televisión a color dentro de la nave espacial, y realizar las primeras transmisiones de TV en vivo y en directo desde el espacio.

La tripulación del Apolo 10 fue la única cuyos miembros volaron misiones posteriores a bordo de la nave espacial Apolo: Young más tarde comandó el Apollo 16, Cernan comandó el Apollo 17 y Stafford comandó el vehículo de Estados Unidos en el Proyecto de prueba Apollo-Soyuz.

El módulo de comando del Apolo 10 "Charlie Brown" se encuentra en exhibición en el Museo de Ciencias en Londres, Inglaterra.

Según los Récords Mundiales Guinness de 2002, el Apolo 10 estableció el récord de máxima velocidad alcanzada por un vehículo tripulado: 39,897 km/h (11.08 km/s) el 26 de mayo de 1969, durante el regreso de la Luna.

Llegada a la Luna

En Julio de 1969, poco menos de 8 años después de los vuelos de Gagarin y Shepard, se inició rápidamente el proyecto del presidente estadounidense Kennedy de poner un hombre en la Luna antes de que terminara la década.

Los científicos y planeadores de la misión para la llegada a la Luna, Apolo 11, en la Nasa, estudiaron la superficie lunar por 2 años buscando el mejor lugar para hacer el histórico aterrizaje.

Se redujeron las opciones de aterrizaje de 30 a 3, usando imágenes de alta resolución tomadas por el satélite orbital lunar y fotografías de primer plano tomadas por la sonda espacial Surveyor. También se tomaron en cuenta factores que influenciaban el aterrizaje como, el número de cráteres, los riscos o las colinas, y que tan plana era la superficie. La cantidad de luz solar que se recibiría también fue un factor determinante al momento de elegir el mejor lugar.

Semanas antes del alunizaje. Un satélite espía estadounidense vio un gran cohete esperando en una plataforma de lanzamiento de la Unión Soviética. Unos días después, el satélite solo encontró ruinas y polvo, el cohete había explotado. Los científicos del Apolo 11 debían evitar a toda costa que la misión tuviera el mismo fin.

Los astronautas se prepararon fuertemente. Armstrong perfeccionó el vuelo en el módulo lunar, la parte que se separará del módulo de comando.

Mike Collins también perfeccionó 18 diferentes maniobras en el módulo de comando. Si el módulo lunar sale al espacio pero no llega a la órbita de la Luna, el módulo de comando se abalanzará sobre él y lo sujetará.

Los 3 hombres invirtieron semanas de preparación en simuladores para conseguir el éxito.

Se practicó cada segundo de la misión, en el interior, en el exterior, en aviones, en centrífugas, en piscinas, en el océano y donde fuera que la NASA lo viera necesario. Aprendieron geología, cómo resistir fuerzas g, maniobrar en condiciones de gravedad baja y cero, y cómo conducir vehículos eléctricos y aterrizar el módulo lunar.

También se entrenó a los astronautas en supervivencia en agua, desierto y jungla, en caso de que su aterrizaje al regresar a la Tierra se desviara.

Antes de ir a cuarentena por 21 días, los astronautas pasaron un último fin de semana con sus familias. Debido a los riesgos eran conscientes de que podría ser una misión sin regreso.

La tripulación del Apolo 14 (otra misión de alunizaje) practica la plantación de la bandera durante una simulación de caminata lunar. Imagen: NASA.

Apolo 11

El objetivo principal de la misión Apolo 11 era completar una meta nacional establecida por el presidente John F. Kennedy el 25 de mayo de 1961: realizar un aterrizaje lunar con tripulación y regresar a la Tierra.

Algunos objetivos adicionales de la misión incluyeron la exploración científica por los miembros del módulo lunar, o LM, despliegue de una cámara de televisión para transmitir señales a la Tierra, despliegue de un experimento de composición de viento solar, paquete de experimento sísmico y un retrorreflector láser de rango.

Durante la etapa de exploración, los dos astronautas debían recolectar muestras de materiales de la superficie lunar para traer a la Tierra. También debían fotografiar extensamente el terreno lunar, el equipo científico desplegado, la nave espacial LM y a ellos entre sí, tanto con cámaras fijas como con películas.

Esta misión sería la última de Apolo en volar una trayectoria de "retorno libre", es decir, que permitiera el regreso a la Tierra sin propulsión de motor, proporcionando un aborto de la misión en cualquier momento solo antes de la inserción de la órbita lunar.

Desarrollo de la misión

En la mañana del 16 de Julio, los astronautas Neil Armstrong, Buzz Aldrin y Michael Collins del proyecto Apolo 11 subieron a bordo del Saturn V en el complejo de despegues 39A del Centro Espacial Kennedy en Cabo Kennedy. La nave de 363 pies de altura utilizó sus 7,5 millones de libras de empuje para impulsarlos al espacio a una órbita terrestre inicial de 114 por 116 millas.

A las 9:32 a.m. EDT, los motores del Apolo 11 se encendieron y dispararon la nave fuera de la plataforma de lanzamiento. Aproximadamente 12 minutos después, la tripulación se encontraba en órbita.

La primera transmisión a color de televisión hacia la Tierra desde el Apolo 11 ocurrió durante la costa translunar del módulo de comando y servicio/módulo lunar. Más tarde, el 17 de julio, se realizó una grabación de tres segundos del SPS para realizar la segunda de las cuatro correcciones programadas para el vuelo a mitad de camino. El lanzamiento fue tan exitoso que las otras tres correcciones no fueron necesarios.

Después de una órbita y media, el Apolo 11 obtiene el visto bueno para lo que los controladores de la misión llamaron "Inyección Translunar". Tres días después, la tripulación llegó a la órbita lunar.

Un día después de eso, el 18 de julio, Armstrong y Aldrin se pusieron sus trajes espaciales y escalaron el túnel de atraque del Columbia y se suben al módulo lunar Eagle para ver el módulo lunar y para hacer la segunda transmisión de televisión. Comienzan el descenso hacia la Luna, mientras que Collins orbita en el módulo de comando Columbia.

Aproximadamente a los 50 minutos de vuelo, un disparo retrógrado del SPS de 357,5 segundos colocó a la nave espacial en una órbita inicial, elíptica y lunar de 69 por 190 millas. Más tarde, una segunda ignición del SPS durante 17 segundos colocó a los vehículos atracados en una órbita lunar de 62 por 70.5 millas, que fue calculada para cambiar la órbita del módulo de comando y servicio piloteado por Collins. El cambio se dio debido a las perturbaciones de la gravedad lunar a las 69 millas nominales requeridas para la posterior reunión y acoplamiento del módulo lunar después de la finalización del aterrizaje lunar.

El 20 de julio, Armstrong y Aldrin ingresaron al módulo lunar nuevamente, realizaron un último control y, a las 100 horas (desde el inicio de la misión), 12 minutos después del vuelo, el Eagle se separó del Columbia para una inspección visual.

A las 101 horas, 36 minutos, cuando el módulo lunar estaba detrás de la luna en su órbita número 13, el motor de descenso del módulo lunar se disparó durante 30 segundos para proporcionar un empuje retrógrado e iniciar la inserción en la órbita de descenso, cambiando a una órbita de 9 por 67 millas, en una trayectoria que era prácticamente idéntica a la que volaba el Apolo 10.

A las 102 horas, 33 minutos, después de que el Columbia y el Eagle habían reaparecido desde detrás de la luna, y cuando el módulo lunar estaba a unas 300 millas de

El Saturn V, cohete lanzado en la misión del Apolo 11. Imagen: NASA.

El astronauta Buzz Aldrin junto al paquete de experimentos científicos. (Algunas imágenes han sido restauradas). Imagen: NASA.

altitud, se inició el descenso. Después de ocho minutos, el módulo lunar estaba en la "puerta alta" a unos 26,000 pies sobre la superficie y aproximadamente a cinco millas del sitio de aterrizaje.

El motor de descenso continuó proporcionando fuerza de frenado hasta aproximadamente las 102 horas (desde el inicio de la misión), 45 minutos.

Armstrong tuvo que improvisar, pilotando parcialmente de manera manual el Eagle, cuando llegó el momento de aterrizar en la zona llamada el Mar de la Tranquilidad más allá de una zona de rocas. El Eagle aterrizó en el Sitio 2 a 0 grados, 41 minutos, 15 segundos de latitud norte y 23 grados, 26 minutos de longitud este. Esto fue aproximadamente cuatro millas desde el punto de aterrizaje predicho y ocurrió casi un minuto y medio antes de lo programado. Incluía un descenso con motor que tenía una duración meramente nominal de 40 segundos más que la planificación previa al vuelo debido a maniobras de traslación que se realizaron para evitar un cráter durante la fase final de aterrizaje. Unido al artefacto de descenso había una placa conmemorativa firmada por el presidente Richard M. Nixon y los tres astronautas.

Durante los últimos segundos de descenso, la computadora del Eagle empezó a emitir alarmas. Éstas alarmas alertaron a la tripulación y también al personal en la Tierra, pero solo se trataban del sistema de la nave tratando de hacer muchas cosas al mismo tiempo.

Cuando el módulo lunar aterriza a las 4:18 p.m EDT, solo quedaban 30 segundos de combustible. Armstrong informó por radio: "Houston, aquí la base Tranquilidad. El Eagle ha aterrizado". Todo el personal del control de la misión estalló en celebración y por fin se rompió la tensión.

Se estima que 530 millones de personas vieron la imagen televisada de Armstrong y oyeron su voz describir el evento.

Tiempo después, Armstrong confirmó que el aterrizaje fue su mayor preocupación, diciendo al respecto: "Las incógnitas eran desenfrenadas, había mil cosas por las que preocuparse".

El plan de vuelo requería que los astronautas esperaran al menos 4 horas antes de salir a la superficie lunar y así fue, tiempo después del aterrizaje, Armstrong salió del Eagle y desplegó la cámara de televisión para la transmisión del evento a la Tierra. Aproximadamente a las 109 horas (desde el inicio de la misión), 42 minutos después del lanzamiento, a las 10:56 p.m. EDT, Armstrong está listo para poner el primer pie en la Luna. Con más de 500 millones de personas viéndolo por televisión, él bajó por la escalera y proclamó: "Un pequeño paso para el hombre, un salto gigante para la humanidad".

Unos 20 minutos más tarde, Aldrin lo siguió y ofrece una descripción simple pero

*El astronauta Buzz Aldrin camina sobre la superficie de la luna cerca de la pata del módulo lunar Eagle durante la misión Apolo 11. Armstrong tomó la fotografía.
Imagen: NASA.*

poderosa de la superficie lunar, diciendo: "Magnífica desolación".

Exploran la superficie lunar durante dos horas y media, recogiendo muestras y tomando fotografías. Luego, la cámara se colocó en un trípode a unos 30 pies del módulo lunar. Media hora más tarde, el presidente Nixon habló por enlace telefónico con los astronautas.

Los astronautas dejaron en la superficie de la Luna una bandera estadounidense, un parche en honor a la tripulación caída del Apolo 1 y una placa en una de las patas de Eagle que dice: "Aquí los hombres del planeta Tierra pisaron por primera vez la luna. Julio de 1969 A.D. Vinimos en paz para toda la humanidad". También se dejó en la superficie de la Luna un disco de silicio de una pulgada y media marcado con mensajes de buena voluntad de 73 países y los nombres de los líderes del Congreso y de la NASA.

Durante la exploración, ambos se ubicaron al rededor de 300 pies del Eagle. Aldrin desplegó el "Early Apollo Scientific Experiments Package, o EASEP", un paquete para realizar experimentos. Armstrong y Aldrin se reunieron e informaron verbalmente sobre las muestras de la superficie lunar. Después de que Aldrin había pasado una hora y 33 minutos en la superficie, volvió a ingresar al módulo lunar, seguido por Armstrong 41 minutos más tarde. Toda la fase de la exploración e investigación duró más de dos horas y media, finalizando a las 111 horas, a los 39 minutos de la misión en sí. Armstrong y Aldrin pasaron en total 21 horas, 36 minutos en la superficie de la luna. A las 124 horas, 22 minutos, después de un período de descanso que incluyó siete horas de sueño para los astronautas, el motor de la etapa de ascenso se encendió.

Armstrong y Aldrin despegaron y se encontraron con Collins en el Columbia que estaba en su revolución número 27.

Una ignición de 11.2 segundos del SPS logró la única corrección de medio curso requerida en el vuelo de regreso hacia la Tierra. La corrección se realizó el 22 de julio, aproximadamente a las 150 horas, 30 minutos de la misión. Se hicieron dos transmisiones de televisión más durante la entrada a la Tierra.

La tripulación regresa de su misión al planeta y cae en Hawai, en el océano pacífico (La aeronave aterrizó a 13 grados, 19 minutos de latitud norte y 169 grados, nueve minutos longitud oeste y debido al mal tiempo en el área de llegada, el punto de aterrizaje se modificó en aproximadamente

Astronautas del Apolo 11 frente al módulo de comando. Imagen: NASA.

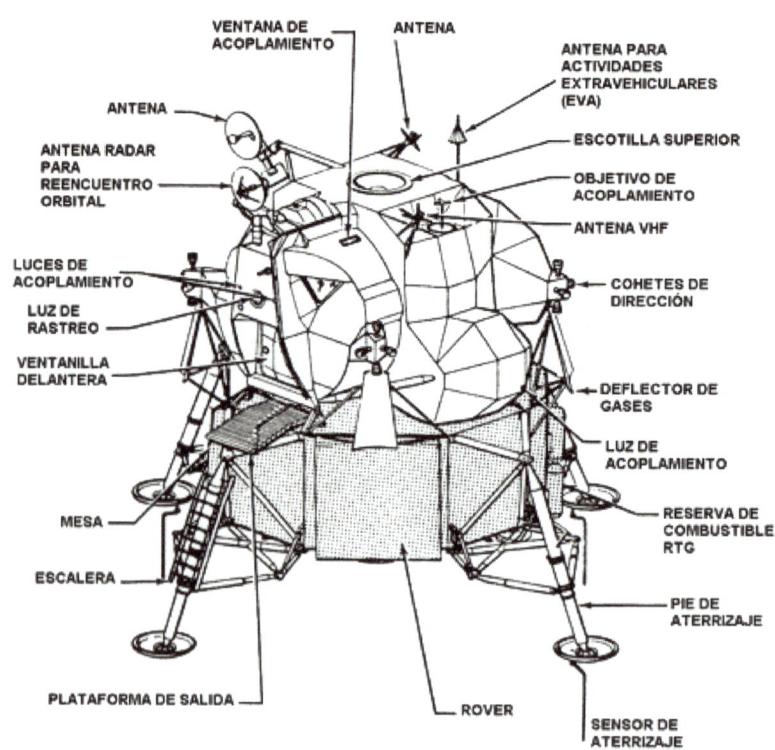

Módulo lunar. Imagen: NASA.

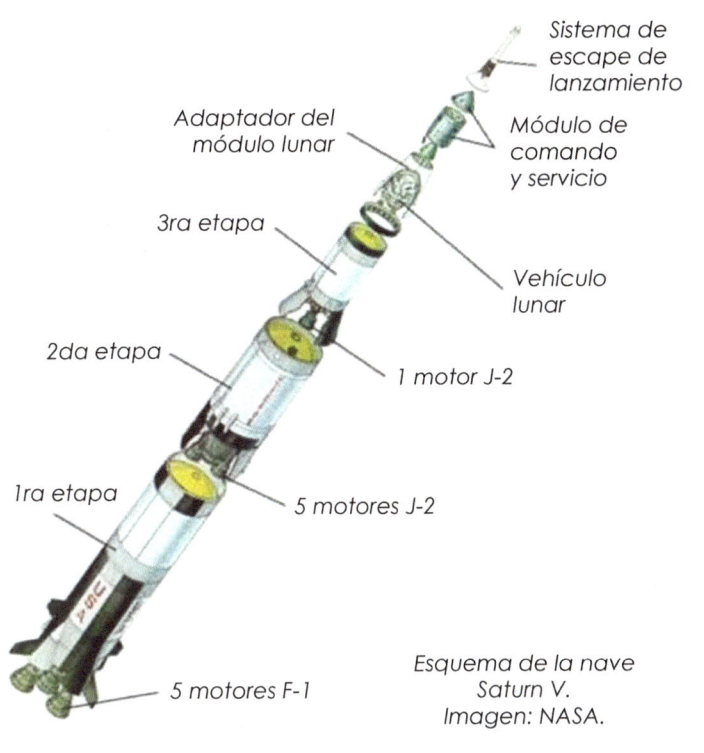

Esquema de la nave Saturn V. Imagen: NASA.

Módulo de comando y servicio acoplado al módulo lunar.

LLEGADA A LA LUNA

Los tripulantes del Apolo 11 en cuarentena, recibidos por sus esposas. Imagen: NASA.

250 millas), el 24 de julio, después de un vuelo de 195 horas, 18 minutos y 35 segundos, aproximadamente 36 minutos más de lo planeado inicialmente. El desafío de Kennedy se había cumplido. Los hombres de la Tierra habían caminado sobre la luna y regresaron a casa sanos y salvos.

La duración total de la misión Apolo 11 fue ocho días, tres horas, 18 minutos y 35 segundos.

La tripulación dejó el Columbia y se subió a un bote de goma, donde los impregnaron con yodo en un esfuerzo por detener la posible contaminación. Viajaron en helicóptero a una instalación móvil de cuarentena a bordo de un barco antes de trasladarse a la ciudad de Houston. Los astronautas permanecieron en cuarentena hasta el 10 de agosto, habiendo completado con éxito su meta.

En los próximos tres años y medio, 10 astronautas siguieron sus pasos. Gene Cernan, comandante de la última misión Apolo ha sido el último en caminar sobre la Luna, con estas palabras: "Nos vamos como vinimos y, si Dios quiere, como regresaremos, con paz y esperanza para toda la humanidad".

Legado de la misión

Entre los años 1968 y 1972, Estados Unidos realizó diferentes misiones a la Luna como parte del programa Apolo.

El programa de la Unión Soviética, que tuvo menos éxito, se llamó N1/L3. También realizaron misiones no tripuladas, despliegue de rovers y recolección de muestras.

La misión del Apolo 11 aún es celebrada mundialmente más aún cuando se acerca su aniversario número 50 en el año 2019. Ya se tienen monedas especiales como parte de la celebración. En el año 2016 se creó una iniciativa en la página Kickstarter (plataforma de financiamiento para proyectos creativos) para recrear el plan de vuelo del Apolo 11, donde superó la meta.

El Instituto Smithsoniano está rehaciendo la galería lunar en el Museo Nacional del Aire y el Espacio (NASM) en Washington, DC, para una apertura en el año 2021. Mientras tanto, la recién restaurada nave espacial Columbia está de gira con paradas en Houston, St. Louis, Pittsburgh y Seattle, Estados Unidos. Es la primera vez que Columbia se encuentra fuera del Instituto Smithsoniano desde 1971.

En julio de 2009, el Museo Nacional del Aire y el Espacio en Estados Unidos organizó una gala para el 40 aniversario de la misión, incluyendo discursos de los tres miembros de la tripulación del Apolo 11. En una sesión de la tarde, Collins, Aldrin y el astronauta del Apolo 12, Alan Bean, ofrecieron autógrafos a los asistentes.

En el año 2012, el Orbitador de Reconocimiento Lunar de la NASA visualizó el sitio de aterrizaje del Apolo 11 desde el espacio y descubrió las huellas de los astronautas, algunos de los experimentos, una cámara descartada y, por supuesto, el módulo de descenso del Eagle. En 2014 se generó una vista tridimensional del sitio (basada en la información obtenida).

Diferentes países han realizado misiones a la Luna como: la Unión Soviética, Estados Unidos, la Agencia Espacial Europea, Japón, India y la República Popular de China.

De izquierda a derecha, Armstrong, Collins y Aldrin. Imagen: NASA.

Tripulantes del Apolo 11

El 9 de enero de 1969, la NASA anunció la tripulación principal de la misión de aterrizaje a la Luna, Apolo 11, quienes llegaron a cumplir su misión en julio de ese año. El piloto del módulo lunar fue Buzz Aldrin, el comandante Neil Armstrong y el piloto del módulo de comando Michael Collins.

Neil Armstrong

Neil A. Armstrong fue el primer astronauta en pisar la superficie de la Luna. Nació en Wapakoneta, Ohio, Estados Unidos el 5 de agosto de 1930. Su carrera en la NASA comenzó en Ohio.

Luego de servir como piloto naval de 1949 a 1952, se unió a la "National Advisory Committee for Aeronautics (NACA)" o Comité Consejero Nacional para la Aeronáutica en 1955.

La primera asignación de Armstrong fue con el Centro de Investigación NACA Lewis (ahora NASA Glenn) en Cleveland. Durante los siguientes 17 años, fue ingeniero, piloto de pruebas, astronauta y administrador de NACA y su agencia sucesora, la ahora llamada Administración Nacional de Aeronáutica y del Espacio (NASA).

Armstrong participó como piloto de investigaciones en el Centro de Investigación de Vuelo de la NASA, Edwards, California. Fue piloto de proyectos en diferentes aviones pioneros de alta velocidad, incluido el conocido X-15 de 4000 mph. Pilotó más de 200 modelos diferentes de aviones, incluidos jets, cohetes, helicópteros y planeadores. Armstrong fue transferido como astronauta en 1962. Fue asignado como piloto de comando para la misión Gemini 8. El Gemini 8 se lanzó el 16 de marzo de 1966 y Armstrong realizó el primer acoplamiento exitoso de dos vehículos en el espacio.

Como comandante de la nave espacial Apollo 11, la primera misión tripulada, de aterrizaje y exploración lunar, Armstrong obtuvo la distinción de ser el primer hombre en poner una nave en su superficie y pisarla. Tenía 38 años. Tiempo después, Armstrong fue llamado para ocupar el cargo de Administrador Asociado Adjunto de Aeronáutica, Sede de la NASA en Washington, DC,

Buzz Aldrin trabajando fuera de la nave espacial Gemini. Imagen: NASA.

donde era responsable de la coordinación y gestión del trabajo general de investigación y tecnología de la NASA relacionado con la aeronáutica.

Armstrong también fue profesor de ingeniería aeroespacial en la Universidad de Cincinnati entre 1971 y 1979. Durante los años 1982 a 1992, fue presidente de la compañía Computing Technologies for Aviation, Inc., ubicada en Charlottesville, Virginia, Estados Unidos.

Algunos títulos que obtuvo incluyen una licenciatura en ingeniería aeronáutica de la Universidad de Purdue y una maestría en ingeniería aeroespacial de la Universidad del Sur de California, también doctorados honorarios de diferentes universidades.

El piloto fue miembro de las sociedades y academias: Royal Aeronautical Society, Society of Experimental Test Pilots, Academia Nacional de Ingeniería, la Academia del Reino de Marruecos y la Comisión Nacional del Espacio (1985-1986).

También fue miembro honorario del Instituto Americano de Aeronáutica y Astronáutica, y la Federación Internacional de Astronáutica. Fue Presidente del Comité Asesor Presidencial para el Cuerpo de Paz (1971-1973) y vicepresidente de la Comisión Presidencial sobre el Accidente del Challenger del transbordador espacial (1986).

Armstrong murió de 82 años el 25 de agosto de 2012 debido a complicaciones posteriores a procedimientos cardiovasculares. Un servicio conmemorativo público se llevó a cabo el 13 de septiembre en la Catedral Nacional de Washington, y Armstrong fue enterrado en el mar al día siguiente. En 2015, el Museo Nacional del Aire y el Espacio anunció que la viuda de Armstrong (Carol Armstrong) había encontrado un bolso lleno de artefactos lunares entre las pertenencias de Armstrong, las cuales donó al museo.

Buzz Aldrin

Edwin Eugene Aldrin Jr. nació el 20 de Enero de 1930 en Glen Ridge, New Jersey, Estados Unidos. Él es de ascendencia escocesa, sueca y alemana. Su primer nombre, que cambió legalmente en 1988, se originó a partir de un apodo, "Buzz", que surgió como resultado del mal pronunciamiento de la más joven de sus dos hermanas mayores al decir "hermano" como "buzzer", que se acortó a Buzz.

Aldrin se graduó tercero en su clase en West Point en 1951 con una licenciatura en ingeniería mecánica. Fue comisionado como segundo teniente en la Fuerza Aérea de los Estados Unidos y sirvió como piloto de caza a reacción durante la Guerra de

En esta fotografía los astronautas del Apolo 11 ensayan su misión de aterrizaje lunar, se detienen frente al simulador de una maqueta del módulo lunar en el área de formación del equipo de vuelo. Desde la izquierda, están el piloto del módulo de comando Michael Collins, el comandante Neil A. Armstrong y el piloto del módulo lunar Edwin E. Aldrin, Jr. Imagen: NASA.

Corea. En enero de 1963, Aldrin obtuvo un Sc.D. grado en astronáutica del Instituto de Tecnología de Massachusetts. Al completar su doctorado, fue asignado a la oficina de Gemini Target de la División de Sistemas Espaciales de la Fuerza Aérea en Los Ángeles antes de ser seleccionado como astronauta.

Con la eliminación del requisito de experiencia como piloto de prueba previo para la selección de astronautas, Aldrin se convirtió en elegible y en octubre de 1963, se convirtió en miembro del Astronaut Group 3 de la NASA.

Fue confirmado como piloto de la misión Gemini 12, la misión final de Gemini y la última oportunidad para validar los métodos de actividad extravehicular. En esta misión, estableció un récord para actividad extravehicular, lo que demostró que los astronautas podrían trabajar fuera de la nave espacial. El 20 de julio de 1969, Aldrin se convirtió en el segundo hombre en caminar sobre la Luna.

El Piloto del Módulo de Comando del Apolo 11 Michael Collins comentó que pensaba que a Aldrin "le molestaba no ser el primero en la luna más de lo que apreciaba ser el segundo".

Michael Collins

Michael Collins nació en Roma, Italia, el 31 de octubre de 1930.

Durante los primeros 17 años de su vida, Collins vivió en diferentes países con su familia ya que su padre se trasladaba bastante. Después de que los Estados Unidos entraron en la Segunda Guerra Mundial, la familia se mudó a Washington, DC, donde Collins asistió a la Escuela St. Albans, de la cual se graduó en 1948.

Después de ingresar a la Fuerza Aérea, Collins completó el entrenamiento de vuelo en la Base Aérea de Columbus, Mississippi, en el T-6 Texan, luego se mudó a la Base Aérea de San Marcos y la Base Aérea James Connally, Texas.

Collins fue redesplegado a Alemania Occidental durante la Revolución Húngara de 1956.

Después de que Collins fue reasignado a los Estados Unidos, asistió a un curso de mantenimiento de aeronaves en la Base de la Fuerza Aérea Chanute, Illinois.

Fue seleccionado como parte del tercer grupo de catorce astronautas de la NASA en 1963. Voló al espacio dos veces. Su primer vuelo espacial fue en la misión Géminis 10 y la segunda vez como piloto del módulo de comando en la misión de llegada a la Luna Apolo 11.

Se retiró de las Reservas de la Fuerza Aérea de los EE. UU. Con el rango de General Mayor.

Alan L. Bean, piloto del módulo lunar de la misión Apolo 12, comienza a bajar por la escalera del módulo lunar "Intrepid" para unirse al astronauta Charles Conrad, Jr., comandante de la misión, en la superficie lunar. Imagen: NASA.

Apolo 12

El Apolo 12 fue el sexto vuelo tripulado y el segundo en aterrizar en la Luna. Fue lanzado el 14 de noviembre de 1969, desde el Centro Espacial Kennedy, Florida, Estados Unidos, cuatro meses después del Apolo 11.

El vehículo espacial contaba con Charles (Pete) Conrad, Jr. (comandante), Richard F. Gordon (piloto del módulo de comando), y Alan L. Bean (piloto del módulo lunar), como su tripulación, y fue lanzado desde el Centro Espacial Kennedy en Florida, Estados Unidos, a las 11:22:00 EST.

Los objetivos principales de la misión incluían una extensa serie de tareas de exploración lunar realizadas por la tripulación del módulo lunar o LM, así como el despliegue e instalación del paquete de experimentos de superficie lunar Apolo, o ALSEP, que se dejó en la superficie de la luna para recopilar datos sísmicos, científicos y de ingeniería durante un largo período de tiempo.

Otros objetivos del Apolo 12 incluían una inspección selenológica (muestreos en el área de aterrizaje), desarrollo de técnicas para un aterrizaje de precisión, evaluaciones adicionales de la capacidad humana para trabajar en el ambiente lunar por un período prolongado de tiempo y fotografía de sitios de exploración candidatos para futuras misiones.

La misión fue planeada y ejecutada como un aterrizaje de precisión. Los astronautas aterrizaron el módulo lunar a poca distancia de la nave espacial Surveyor III que había aterrizado en la Luna, en la ladera interior de un cráter el 20 de abril de 1967. La tripulación trajo a la Tierra instrumentos del Surveyor III para examinar los efectos de la exposición al ambiente lunar a largo plazo.

Desarrollo de la misión: Se realizó un aterrizaje de precisión usando guía automática, con solo pequeñas correcciones manuales requeridas en las fases finales de descenso. El aterrizaje ocurrió a las 110.5 horas de transcurrido el tiempo en tierra (GET), en un punto a solo 600 pies (183 metros) del punto objetivo. El aterrizaje fue en el Océano de las Tormentas.

Este aterrizaje de precisión fue de gran importancia para el futuro del programa de exploración lunar, ya que los puntos de aterrizaje en terrenos abruptos y difíciles eran de gran interés científico y ahora podrían ser visitados.

La tripulación colocaron la bandera de Estados Unidos en terreno lunar y el experimento de composición de viento solar, también recolectaron muestras lunares durante este primer período de caminata lunar que duró aproximadamente cuatro horas, luego descansaron por 7 horas.

Una segunda caminata lunar y otro periodo de descanso finalizaron la misión. El módulo de comando aterrizó en el Océano Pacífico a las 244.5 h GET.

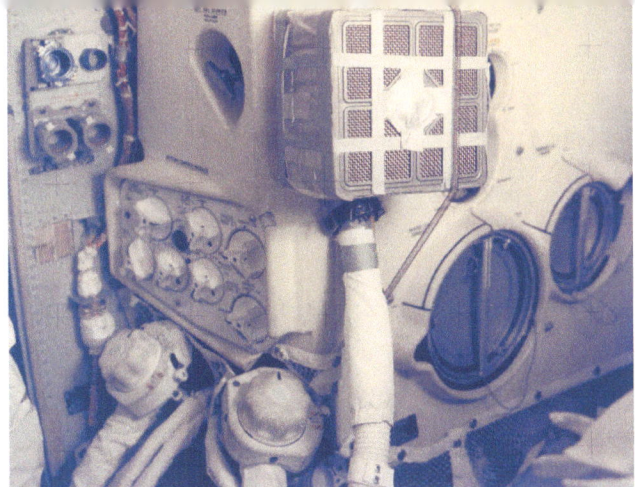

Vista interior del módulo lunar del Apolo 13 y el "buzón", el cual era un "hack" que los astronautas construyeron para usar los botes de hidróxido de litio del módulo de comando para purgar el dióxido de carbono que se acumulaba en el módulo lunar. El hidróxido de litio se usa para eliminar el CO2 del interior de la nave espacial para así poder respirar. El "buzón" se diseñó y probó en la Tierra, antes de que se le sugiriera a los tripulantes. Imagen: NASA.

Apolo 13

Apolo 13 iba a ser la tercera misión para aterrizar en la Luna. Debido a su desarrollo es una de las misiones de aterrizaje lunar más famosas, (una película fue hecha sobre este vuelo).

El cohete de la misión Apolo 13 se lanzó a las 2:13 p.m. EST, el 11 de abril de 1970, desde el complejo de lanzamiento 39A del Centro Espacial Kennedy.

La tripulación del vehículo espacial estaba conformada por James A. Lovell, Jr. (comandante), John L. Swigert, Jr. (piloto del módulo de comando) y Fred W. Haise, Jr. (piloto del módulo lunar).

Se suponía que el Apolo 13 aterrizaría en la luna pero, en el camino hacia allí, después de aproximadamente 56 horas de vuelo, la nave espacial tuvo un problema. Una explosión en uno de los tanques de oxígeno paralizó la nave espacial durante el vuelo. El rendimiento de los sistemas de la nave espacial fue nominal hasta que los ventiladores en el tanque de oxígeno criogénico se encendieron a las 55:53:18 hora transcurrida en tierra (GET). La explosión se debió a la pérdida de oxígeno criogénico del módulo de servicio y la consiguiente pérdida de capacidad para generar energía eléctrica, proporcionar oxígeno y producir agua.

Los cortocircuitos eléctricos en el circuito del ventilador encendieron el aislamiento del cable, causando que la temperatura y la presión aumentaran dentro del tanque de oxígeno criogénico 2. Una situación crítica. Aproximadamente un cuarto de segundo más tarde, se observó una perturbación de vibración en los acelerómetros del módulo de comando.

Como resultado de estas ocurrencias, el módulo de comando se apagó. La NASA tuvo que descubrir cómo traer a los astronautas a casa de manera segura. El módulo lunar se configuró para suministrar la energía necesaria y otros consumibles.

El módulo de comando se apagó aproximadamente a las 58:40 GET. El tanque de compensación y el paquete de represurización se aislaron con una presión residual de aproximadamente 860 psi (aproximadamente 6,5 libras de oxígeno total). El sistema primario de agua y glicol se quedó con radiadores anulados.

Todos los sistemas del módulo lunar funcionaron satisfactoriamente al proporcionar la potencia necesaria y el control ambiental a la nave espacial.

El Apolo 13 fue forzado a orbitar alrededor de la luna antes de regresar a casa sin el alunizaje, y, a pesar del problema, pudieron aterrizar de forma segura en la Tierra.

El módulo de comando y servicio se descartó aproximadamente a las 138 horas GET, y la tripulación observó y fotografió el área de la bahía 4 donde se había producido la anomalía del tanque criogénico. En este momento, la tripulación comentó que la cubierta exterior de la bahía 4 se había dañado gravemente y faltaba una gran parte. El módulo lunar se descartó aproximadamente 1 hora antes de la entrada, lo que se realizó nominalmente usando guía primaria y sistema de navegación.

*Vista de Antares, el Módulo Lunar de la misión Apolo 14, sobre las Montañas Fra Mauro en la Luna. Se refleja una llamarada circular causada por el sol brillante. Debido a que la Luna no tiene atmósfera, los rayos del Sol son más fuertes.
Imagen: NASA.*

Apolo 14

La misión Apolo 14 fue la tercera misión de aterrizaje lunar tripulada. Su objetivo era realizar una exploración lunar científica detallada.

El vehículo espacial fue lanzado desde el Centro Espacial Kennedy en Florida, Estados Unidos, a las 4:03:22 EST, el 31 de enero de 1971. La tripulación constaba de Alan B. Shepard, Jr. (comandante). Stuart A. Roosa (piloto del módulo de comando) y Edgar D. Mitchell (piloto del módulo lunar).

El aterrizaje ocurrió a las 08:37:10 GMT, el 5 de febrero, a 50 metros (160 pies) del objetivo en las tierras altas de Fra Mauro. El Apolo 14 aterrizó en la región de Fra Mauro, el lugar de aterrizaje previsto para la misión abortada del Apolo 13. La primera actividad extravehicular (EVA) comenzó 5 horas y 23 minutos después de la toma de contacto.

Una cámara de televisión en color montada en la plataforma de descenso proporcionó una cobertura en vivo del descenso de ambos astronautas a la superficie lunar.

Los astronautas utilizaron el transportador de equipos modular (MET) para transportar equipos durante dos caminatas lunares.

Todo el equipo requerido para la investigación de la travesía geológica, incluido el magnetómetro portátil lunar (LPM), se cargó en el MET. La travesía por el lado del Cone Crater proporcionó experiencia en escalada y trabajo en terrenos montañosos en condiciones de gravedad terrestre de 1/6. Esta fue la segunda caminata lunar y duró 4 horas y 20 minutos, tiempo durante el cual los astronautas viajaron aproximadamente 3 km.

La tripulación recolectó muestras y tomó fotografías. Uno de los momentos más famosos llegó al final de la segundo caminata lunar cuando el comandante del Apolo 14, Alan Shepard, golpeó 2 pelotas de golf en la Luna.

Durante las dos caminatas lunares, los astronautas recolectaron 94 libras de rocas y tierra para traer a la Tierra. Las muestras fueron programadas para ir a 187 equipos científicos en los Estados Unidos, así como a otros 14 países para su estudio y análisis.

El despegue ocurrió a las 18:48 GMT, el 6 de febrero, después de 33 horas en la superficie lunar. Después de la transferencia de la tripulación, la etapa de ascenso del módulo lunar se separó y se guió de forma remota para impactar en la superficie lunar. El impacto ocurrió entre los sismómetros Apolo 12 y 14. La señal sísmica resultante duró 1,5 horas y se registró con ambos instrumentos.

El módulo de comando cayó en el Océano Pacífico aproximadamente a 1 km del punto objetivo a las 20:24 GMT del 9 de febrero de 1971.

El vehículo lunar o LRV fue desarrollado por el Marshall Space Flight Center en Huntsville, Alabama. Imagen: NASA.

Apolo 15

La misión Apolo 15 de la NASA fue la cuarta en llevar una tripulación a la Luna. Fue lanzado a tiempo desde el Centro Espacial Kennedy de la NASA, Florida, Estados Unidos, a las 9:34:00 a.m. EST del 26 de julio de 1971.

La tripulación consistía en David R. Scott (comandante), Alfred J. Worden (piloto del módulo de comando) y James B. Irwin (piloto del módulo lunar).

Sus objetivos científicos principales eran: observar la superficie lunar, realizar levantamiento de material de muestra y analizar las características de la superficie lunar en un área preseleccionada de la región Hadley-Apennine, configurar y activar experimentos en la superficie y vuelo y tareas fotográficas desde la órbita lunar.

Esta misión fue el primer vuelo del Vehículo Lunar Roving que los astronautas utilizaron para explorar la geología de la región de Hadley Rille/Apennine.

Se logró una velocidad promedio de 9,6 km/h y se alcanzaron velocidades de hasta 12 km/h sobre un terreno lunar nivelado. La distancia total recorrida fue de 27,9 km, lo que corresponde a una distancia de mapa de aproximadamente 25,3 km.

El recorrido total de la superficie aumentó de cientos de metros durante misiones anteriores a decenas de kilómetros durante las misiones Apolo 15 y 16 y poco más de 100 kilómetros durante el Apolo 17.

Desarrollo de la misión: A las 22:04:09 GMT del 30 de julio, el sistema de propulsión de descenso del módulo lunar fue disparado para la iniciación del descenso motorizado hacia la superficie lunar. El módulo lunar aterrizó aproximadamente 12 minutos más tarde con suficiente propelente restante para proporcionar un tiempo de vuelo adicional de 103 segundos, de haber sido necesario.

Durante una estancia en la Luna de 66 horas, 54 minutos, 53 segundos, se realizó una actividad extravehicular (EVA) de reposo de 33 minutos y tres periodos de EVA superficial que serían aproximadamente 18,5 horas en total.

Aproximadamente 76 kg de material lunar (muestras de las planicies bajas y oscuras, las tierras altas de los Apeninos, y el área a lo largo de Hadley Rille, un valle largo, estrecho y sinuoso), incluidas muestras de suelo, roca, núcleo superficial y núcleo profundo, se trajeron a la Tierra.

El despegue de la etapa de ascenso del módulo lunar se produjo a las 17:11:23 GMT del 2 de agosto. También fallaron algunos sistemas de comunicación. Aunque la entrada fue nominal y los tres paracaídas principales se desplegaron inicialmente, un paracaídas colapsó antes del desbordamiento. Sin embargo, la nave aterrizó de forma segura a las 20:45:53 GMT, el 7 de agosto de 1971.

Sección de una fotografía panorámica que consta de 27 marcos separados tomados por Charles Duke, se muestra el sitio de aterrizaje del Apolo 16. Imagen: NASA.

Apolo 16

La misión del Apolo 16 fue la quinta en enviar una tripulación a la Luna y la segunda en enviar un vehículo Rover.

El vehículo espacial de la misión Apolo 16 se lanzó desde el Centro Espacial Kennedy (complejos de lanzamiento 39A) el 16 de abril de 1972 a las 12:55:00 p.m. EST. La tripulación estaba compuesta por John W. Young (capitán y comandante), Thomas K. Mattingly II (teniente comandante y piloto del módulo de comando) Charles M. Duke Jr. (teniente coronel y piloto del módulo lunar).

Durante la misión se realizaron varios experimentos y se visitaron dos impresionantes lugares lunares, Stone Mountain y el cráter North Ray. Las muestras tomadas del borde del cráter North Ray demostraron ser rocas del fondo levantadas por el impacto del meteorito que lo había creado.

El Apolo 16 aterrizó en un área de tierras altas, una región aún no explorada de la Luna.

Uno de los experimentos incluyeron el primer uso de una cámara ultravioleta/espectrógrafo en la Luna.

Desarrollo de la misión: El módulo lunar (LM) aterrizó aproximadamente a 276 metros al noroeste del sitio de aterrizaje planeado a aproximadamente 104.5 horas de tiempo transcurrido en Tierra (GET). Cerca de 100 segundos de tiempo de permanencia en el momento del aterrizaje.

La primera actividad extravehicular, o EVA, se inició a 119 GET. La cobertura por televisión de la actividad en la superficie lunar se retrasó hasta que se activaron los sistemas del vehículo itinerante lunar (LRV) porque no se podía usar la antena direccionable en el módulo lunar.

Una gran parte de la primera actividad extravehicular se dedicó a establecer la estación científica automática de energía nuclear llamada Apollo Lunar Surface Experiment Package (ALSEP). La duración del primer EVA fue de aproximadamente 7 horas y 11 minutos y se recorrió una distancia de 4,2 kilómetros.

El segundo y el tercer EVA se dedicaron principalmente a la exploración geológica y la recolección de muestras en áreas seleccionadas en las proximidades del sitio de aterrizaje de la misión.

El tercer y último EVA fue en North Ray Crater y "House Rock", en el borde de North Ray Crater. La travesía del vehículo lunar, LRV, fue de 11,4 kilómetros y duró aproximadamente 5 horas y 40 minutos.

El módulo de comando fue visto en televisión mientras estaba en la etapa de caída con paracaídas y se proporcionó cobertura continua a través de la recuperación de la tripulación. El tiempo total para la misión del Apolo 16 fue de 265 horas, 51 minutos y 5 segundos.

El astronauta Eugene A. Cernan, comandante de la misión Apolo 17, conduce el vehículo lunar o Lunar Roving Vehicle (LRV). Imagen: NASA.

Apolo 17

La misión del Apolo 17 fue la última del programa Apolo para llevar hombres a la Luna.

El cohete Saturno V que transportaba el Apolo 17 fue lanzado desde el Centro Espacial John F. Kennedy de la NASA a las 05:33:00 UT del 7 de diciembre de 1972.

El sitio del aterrizaje fue en el borde sureste de Mare Serenitatis en un depósito oscuro entre unidades de macizo del suroeste de Montes Taurus.

Llevaba al único geólogo entrenado para caminar sobre la superficie lunar, el piloto del módulo lunar Harrison Schmitt. El resto de la tripulación estaba conformada por Eugene A. Cernan (comandante) y Ronald E. Evans (piloto del módulo de comando).

En comparación con las misiones Apolo anteriores, los astronautas del Apolo 17 recorrieron la mayor distancia utilizando el vehículo lunar y trajeron a la Tierra la mayor cantidad de muestras de roca y suelo.

La misión Apolo 17 tuvo una duración de 12,6 días, y un tiempo en la superficie lunar de 75 horas con una distancia total recorrida en la superficie de aproximadamente 35 km.

La misión final en el programa de exploración lunar Apolo fue recopilar información sobre otro tipo de formación geológica y agregarla a la red de estaciones científicas automáticas. El sitio de aterrizaje de Taurus-Littrow ofrece una combinación de tierras altas montañosas y tierras bajas de los valles a partir de la cual se pueden muestrear materiales de la superficie.

El Apolo 17 pasaría dos días más en la órbita lunar después de que la tripulación de aterrizaje regresara de la superficie. Este período se dedicó a la realización de experimentos científicos orbitales y a la ampliación del fondo de fotografías de alta resolución de la superficie de la Luna.

Eugene Cernan, comandante de la misión, todavía tiene la distinción de ser el último hombre en caminar sobre la Luna, ya que ningún humano ha visitado la Luna desde el 14 de diciembre de 1972.

La etapa de ascenso del módulo lunar despegó a las 22:54:37 GMT del 14 de diciembre. El levantamiento y el ascenso se registraron por televisión con mando terrestre en el vehículo lunar. El módulo de comando se desechó después del ascenso.

Luna llena fotografiada desde el Apolo 11. Imagen: NASA.

Fuentes

https://airandspace.si.edu/explore-and-learn/topics/apollo/apollo-program/landing-missions/apollo12.cfm
https://airandspace.si.edu/explore-and-learn/topics/apollo/apollo-program/landing-missions/apollo13.cfm
https://airandspace.si.edu/explore-and-learn/topics/apollo/apollo-program/landing-missions/apollo14.cfm
https://airandspace.si.edu/explore-and-learn/topics/apollo/apollo-program/landing-missions/apollo16.cfm
https://io9.gizmodo.com/the-real-story-of-apollo-17-and-why-we-never-went-ba-1670503448
https://www.infobae.com/america/eeuu/2017/01/27/a-50-anos-del-desastre-del-apollo-1-la-tragedia-olvidada-y-que-cambio-la-carrera-a-la-luna/
https://www.nasa.gov/apollo11-gallery
https://www.nasa.gov/mission_pages/apollo/missions/apollo11.html
https://www.nasa.gov/mission_pages/apollo/apollo11.html
https://www.nasa.gov/mission_pages/apollo/missions/apollo12.html
https://www.nasa.gov/mission_pages/apollo/missions/apollo14.html
https://www.nasa.gov/centers/glenn/about/bios/neilabio.html
Russianspaceweb.com
https://spaceflight.nasa.gov/history/apollo/index.html
https://spaceflight.nasa.gov/history/apollo/apollo10/index.html
https://spaceflight.nasa.gov/history/apollo/apollo9/index.html
https://spaceflight.nasa.gov/history/apollo/apollo8/index.html
https://spaceflight.nasa.gov/history/apollo/apollo1/index.html
https://spaceflight.nasa.gov/history/apollo/apollo7/index.html
https://www.space.com/17338-apollo-1.html
https://www.space.com/15864-nasa-apollo-11-moon-landing-photos.html
https://www.space.com/16758-apollo-11-first-moon-landing.html
https://spaceflight.nasa.gov/history/apollo/apollo16/index.html
http://teacher.scholastic.com/space/apollo11/preparing.htm